国防科技图书出版基金

卫星授时原理与应用

Satellite Timing Principle and Application

杨　俊　单庆晓　著

U0248094

国防工业出版社

·北京·

图书在版编目（CIP）数据

卫星授时原理与应用/杨俊，单庆晓著. —北京：国防工
业出版社,2013.8
ISBN 978-7-118-08714-7

Ⅰ.①卫…　Ⅱ.①杨…　②单…　Ⅲ.①卫星
导航—时间服务　Ⅳ.①TN967.1

中国版本图书馆 CIP 数据核字（2013）第 152191 号

※

国防工业出版社出版发行

（北京市海淀区紫竹院南路 23 号　邮政编码 100048）
北京嘉恒彩色印刷责任有限公司
新华书店经售

*

开本 710×1000　1/16　印张 12½　字数 223 千字
2013 年 8 月第 1 版第 1 次印刷　印数 1—3000 册　定价 58.00 元

（本书如有印装错误，我社负责调换）

国防书店：(010)88540777　　发行邮购：(010)88540776
发行传真：(010)88540755　　发行业务：(010)88540717

致 读 者

本书由国防科技图书出版基金资助出版。

国防科技图书出版工作是国防科技事业的一个重要方面。优秀的国防科技图书既是国防科技成果的一部分,又是国防科技水平的重要标志。为了促进国防科技和武器装备建设事业的发展,加强社会主义物质文明和精神文明建设,培养优秀科技人才,确保国防科技优秀图书的出版,原国防科工委于1988年初决定每年拨出专款,设立国防科技图书出版基金,成立评审委员会,扶持、审定出版国防科技优秀图书。

国防科技图书出版基金资助的对象是:

1. 在国防科学技术领域中,学术水平高,内容有创见,在学科上居领先地位的基础科学理论图书;在工程技术理论方面有突破的应用科学专著。

2. 学术思想新颖,内容具体、实用,对国防科技和武器装备发展具有较大推动作用的专著;密切结合国防现代化和武器装备现代化需要的高新技术内容的专著。

3. 有重要发展前景和有重大开拓使用价值,密切结合国防现代化和武器装备现代化需要的新工艺、新材料内容的专著。

4. 填补目前我国科技领域空白并具有军事应用前景的薄弱学科和边缘学科的科技图书。

国防科技图书出版基金评审委员会在总装备部的领导下开展工作,负责掌握出版基金的使用方向,评审受理的图书选题,决定资助的图书选题和资助金额,以及决定中断或取消资助等。经评审给予资助的图书,由总装备部国防工业出版社列选出版。

国防科技事业已经取得了举世瞩目的成就。国防科技图书承担着记载和弘扬这些成就,积累和传播科技知识的使命。在改革开放的新形势下,原国防科工委率先设立出版基金,扶持出版科技图书,这是一项具有深远意义的创举。此举势必促使国防科技图书的出版随着国防科技事业的发展更加兴旺。

设立出版基金是一件新生事物,是对出版工作的一项改革。因而,评审工作需要不断地摸索、认真地总结和及时地改进,这样,才能使有限的基金发挥出巨大的效能。评审工作更需要国防科技和武器装备建设战线广大科技工作者、专家、教授,以及社会各界朋友的热情支持。

让我们携起手来,为祖国昌盛、科技腾飞、出版繁荣而共同奋斗!

国防科技图书出版基金

评审委员会

Ⅴ

前　言

卫星导航系统越来越深入我们的生活。在卫星导航的应用中,人们广泛关注导航定位功能。实际上卫星导航系统为授时提供了极好的手段。由于卫星覆盖范围广,非常适于广域分布网络的时间同步,如 3G 移动数字通信系统、智能电网、广播电视网、交通网络等。随着信息化的发展,广域分布网络对时间同步的精度要求越来越高。由于覆盖范围大、精度高、成本低的特点,卫星授时成为广域分布网络时间同步的首选。

由于 GPS 技术成熟,目前卫星授时主要以 GPS 为主。我国每一个 CDMA 基站、每一个 TD – CDMA 基站、每一个中大型变电站都安装有 GPS 授时模块,时间同步严重依赖 GPS。实际上,我国目前拥有北斗一号和 CAPS 卫星导航系统,这两种系统为固定位置用户提供的单向授时功能完全可以满足绝大多数用户的时间同步需求。然而,由于 GPS 技术的高度市场化,垄断了卫星授时的市场。可喜的是,国家正在大力发展北斗导航系统,2012 年北斗区域导航系统开通运行,覆盖我国本土及周边地区,实现本土范围内的无源定位授时。可以预见,在未来几年,关系到我国国计民生的重大基础网络,如电信、电力网络,必然采用北斗授时。北斗授时具有巨大的发展空间。

通常应用到卫星授时的场合,都是利用卫星授时模块产生的秒来控制本地时钟,实现同步。本书针对这种场合的应用,提出了时钟驯服系统的概念,并予以系统的阐述。本书阐述了时钟驯服系统的模型、频率差测量、秒抖动处理,以及基于 FPGA 的实现方法。本书还系统阐述了授时接收机的技术,包括卫星导航信号处理、时延计算与补偿、接收机终端设计等内容。本书是我们近 5 年来科研项目的积累,覆盖了卫星导航系统、接收机技术、授时与定时、时钟驯服、时间接口与应用等各方面的内容,既有理论的深度,也可供相关领域技术人员参考。目前,市面上尚未看到一本专门阐述卫星授时的书籍,本书将弥补这一不足。

本书共分 10 章,第 1 章绪论;第 2 章卫星导航系统时间频率体系;第 3 章卫星授时原理;第 4 章卫星导航信号处理;第 5 章时延计算与补偿;第 6 章接收机终端设计;第 7 章卫星驯服时钟系统;第 8 章时间同步接口;第 9 章卫星授时应用。本书特点是系统性强,内容全面,紧密联系工程实际,实用性强。

编　者

目　　录

CONTENTS

第1章 绪 论

时间是科学研究、科学实验和工程技术等诸方面的基本物理参量,它为一切动力学系统、时序过程的测量和定量研究提供了必不可少的时基坐标。授时是发播或转播标准时间信号。授时在通信、电力、武器控制等工业领域和国防领域有着广泛的应用。

卫星导航系统首先是高精度时间频率基准的应用者,卫星及其地面监控系统组成一个高精度的时间同步体系,同时卫星导航系统由于其覆盖范围广也成为高精度授时服务的最佳手段。

卫星授时是通过导航卫星来进行发播或转播标准时间信号的授时手段。目前,随着卫星导航系统的迅速发展,卫星授时的可靠性和精度都得到进一步提高。特别是多种导航系统的发展,使得可选择的卫星星座无论是数量还是种类都得到快速增加。而与此同时,广域网络系统如3G移动通信网络、电力系统网对同步精度的需求越来越高,卫星授时由于精度高、成本低,注定该技术具有巨大的发展空间。

1.1 卫星授时简介

授时是指发播或转播标准时间信号。授时方法有多种,如我国国家授时中心短波授时台和长波授时台,利用短波或长波发播我国国家标准时间NTSC。中央电视台和中央广播电台也发播国家标准时间。我国北斗导航系统发播军用标准时间。授时方法不仅为无线电授时,还有电话授时、网络授时。国家授时中心网站具有网络授时功能,用户登录该网站,利用其客户端软件即可实现授时。

同步主要指相互之间的时间对准,同步与授时的区别在于同步不一定总是与标准时间对准。同步有广义和狭义之分,狭义的同步指时间对准,广义的同步也包括时间差的测量。如导航卫星与地面主控站的时间同步,并未将卫星时间与地面主控站时间对准,而是精确测得两者的时间差,并将该时间差进行发布。

卫星授时是通过导航卫星来进行发播或转播标准时间信号的授时手段。目前可利用的导航卫星有中国的北斗导航系统、CAPS系统、GPS、Galileo和GLO-NASS。卫星授时与定位是结合在一起的,一般用户在获得自身精确定位基础上即可实现精确授时。

卫星在地面上空很高的轨道运行,一颗卫星发射的信号就能覆盖大范围区域,反过来地面上相距遥远的地方能同时观察到同一颗卫星。卫星授时正是利用了卫星这种得天独厚的空间位置优势,让更多的地方可以接收到它发播的标准时间和标准频率信号。本书阐述的卫星授时限于导航卫星对接收机用户进行发播或转播标准时间信号的手段。

卫星授时的主要优点是卫星至用户的无线电波是直达波,虽然它也受大气折射等影响,但比起短波、长波等需要靠电离层的反射实现远距离传播的方法来,它的精度要高得多,更何况无线电波大部分时间是在近似真空的条件下传播的。卫星授时精度高,普通的授时接收机一般都可达到 100 ns(1sigma)左右的精度。GPS 授时接收机在位置保持模式下可达 15 ns(1sigma)的精度。相对于其他的授时手段,卫星授时成本低,实现简单,因此获得广泛的应用。

卫星授时的基本原理如图 1.1 所示,地面主控站和监测站精确测定卫星的时间和位置。卫星发播的无线电信号包含精确的时间频率信息,这些信息可以基于卫星本身时间产生,也可由地面产生后再通过卫星转发,担任转发功能的卫星一般具有稳定时延的信号转发设施。如果卫星自身具有原子钟,如 GPS 卫星、北斗卫星,则卫星自身产生本地时间,卫星发播的信号与本地时间具有严格同步关系;如果卫星自身无原子钟,则一般具有稳定时延的转发器,卫星接收地面站上传信息,并以另一频率转发给地面,如北斗导航试验卫星、CAPS 卫星。卫星授时的主要特点是卫星信号覆盖范围广,用户接收机可以直接接收卫星信号实现自身时间与卫星时间同步,时间传递的环节少,可以实现精确授时。

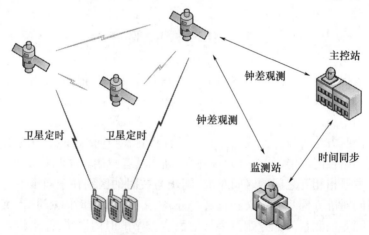

图 1.1 卫星授时原理示意图

地面终端通过接收卫星信号实现自身时间与卫星时间同步,这一过程常称为定时。因此卫星授时接收机也常称为卫星定时接收机。在本书中,为便于描述,将"授时"和"定时"统一用授时来描述。

卫星授时终端一般由天线、射频单元、信号处理单元、数据处理单元和输出

2

接口单元组成。卫星信号由天线接收,经过滤波和放大后通过射频单元转换为中频信号,再通过 A/D 转换进行信号的捕获、跟踪、译码等处理。卫星接收机定时原理如图 1.2 所示。通过信号的捕获跟踪,产生初始的秒脉冲;根据译码得到的导航电文数据,进行信号传输延迟、电离层大气层延迟、钟差校正以及其他延时计算;计算出的总延迟送入延迟补偿环节进行补偿;由于信号捕获接收过程易受干扰,一般而言利用延时补偿后得到的脉冲对本地晶振进行驯服,产生最终的精确秒脉冲。

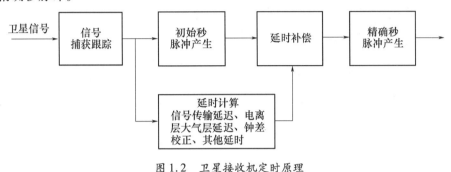

图 1.2 卫星接收机定时原理

1.2 卫星导航系统概况

卫星导航系统是卫星授时实现的基础。卫星导航系统指以人造卫星为参考点的无线电导航系统。卫星导航系统的工作原理是:导航系统的卫星上搭载了专用的无线电导航设备,可向地面用户不间断地发射固定频段的无线电信号,用户利用导航接收机收到卫星上的导航信号后,通过时间测距或多普勒测速获得自己相对于卫星的距离参数,并根据卫星发播的轨道、时间参数等信息求得卫星的实时位置,进而解算出自身的地理位置坐标和速度矢量。

卫星导航系统由三部分组成:空间段、地面段和用户段。其中,空间段指的是导航卫星星座,全球卫星导航系统一般由 20 颗～30 颗在轨工作卫星构成空间导航网络系统,运行在距离地面 20000km 左右的中高地球轨道(MEO),按照结构设计分布在 3～6 个轨道面上;区域卫星导航系统常采用地球同步轨道卫星,利用卫星实现信号转发的功能。

地面段主要是地面控制部分,通常包括主控站、监测站、数据传输系统和通信辅助系统等,地面站的作用是测量跟踪卫星轨道、预报卫星星历及对星上设备进行遥感遥测、工况控制管理等。

用户段即各种用户接收机、数据处理器、计算机等用户设备,其功能是跟踪捕获卫星发播的导航信号,根据导航电文的内容按照协议解算出卫星轨道参数、用户所处位置高度及坐标、地理经纬度、行进速度、标准时间信息等数据。

由于不受地况地貌环境的限制,卫星导航系统具有全天候、全球性的实时导航、定位、授时服务功能,在军用和民用领域均得到了广泛应用。在军事上的应用主要包括:①单兵作战支持与救援;②为无人机提供全球精确定位与武器制导;③军用数字通信系统网络授时;④广域战场精密武器装备时间同步;⑤提高排爆、破障的安全性;⑥为监视、跟踪、侦查系统提供精确的目标地理位置坐标;⑦为电子战提供必要的干扰与反干扰支持等。

而在民用方面,卫星导航系统的应用主要包括:①车辆导航与定位,这是目前卫星导航应用最大市场;②个人导航定位,如目前大部分手机都具有导航定位功能;③授时与同步应用,这在电信、电力、交通、金融等网络得到广泛应用;④测绘行业,这是卫星定位最早的应用场合。此外还在海洋测绘、防震减灾、城市管理、农业生产、资源环境、文物考古等领域具有广阔的市场需求和极大的发展潜力。卫星导航系统有力地推进了国民经济建设,改善了社会生活质量。

目前公认的全球四大卫星导航系统包括美国的 GPS(Global Positioning System)全球定位系统、俄罗斯的 GLONASS(Global Navigation Satellite System)全球导航卫星系统、欧盟的 Galileo(伽利略)卫星导航系统和中国的北斗卫星导航系统(BeiDou/COMPASS Satellite Navigation System)。其中,GPS 是世界上第一个建成并在全球范围供军民两用的卫星导航定位系统,目前正在设计第二代卫星进行组网和系统升级,预计在 2013 年完成现代化进程;GLONASS 是继 GPS 后的第二个全球导航系统,在经历资金短缺的困境后正在快速恢复其主要功能,2010年底实现了 24 颗卫星的完全工作,基本形成星座组网规模;Galileo 在欧洲航天局的大力支持下正在抓紧部署,目前已通过在轨信号测试,未来计划由 30 颗卫星组成导航星座;中国北斗卫星导航系统于 2011 年底正式投入试运行,在 2012年已经具备覆盖亚太地区的导航、定位、授时及短报文通信功能,计划在 2020 年左右建成覆盖全球的导航系统。

卫星导航系统还包括一些建设中的区域性增强系统及其他卫星定位系统,如美国 WAAS 广域增强系统、欧盟 EGNOS 欧洲静地卫星导航重叠系统、法国DORIS 星载多普勒无线电定轨定位系统、日本 QZSS 准天定卫星系统、印度IRNSS 区域导航卫星系统等。

未来的一段时间,GNSS 产业及应用将向三个趋势发展:①从 GPS 一枝独秀的时代过渡到多星座多系统并存的 GNSS 百花齐放的新时代;②GNSS 与通信网络、国际互联网及物联网、车联网等信息载体实现融合发展,推动产业一体化进程;③提高运营服务质量,扩大 GNSS 的应用规模和群体,服务大众、服务全球。此外,未来的 GNSS 系统还将具有四大技术特点:一是多层次增强,二是多系统兼容,三是多模块应用,四是多手段集成。

可以预见到,随着卫星导航技术的不断进步和研发规模的不断壮大,GNSS必将成为世界强国竞相发展的高精尖战略新兴产业,真正实现"卫星导航的应用只受到人类想象力的限制"。

1.2.1 北斗卫星导航系统

北斗卫星导航系统是我国自主发展的卫星导航系统,其建设按照"先有源、后无源"、"先区域、后全球"的发展思路,按照"三步走"的总体规划分布实施。

第一步,北斗卫星导航试验系统。中国于 1994 年正式启动了北斗卫星导航试验系统的工程建设;2000 年先后发射了 2 颗北斗导航试验卫星,初步建立了北斗卫星导航试验系统,形成了区域有源服务能力;2003 年,第 3 颗北斗导航试验卫星发射入轨,进一步增强了北斗卫星导航试验系统,也标志着北斗卫星导航试验系统的全面建成。

第二步,北斗卫星导航(区域)系统。2004 年中国进入了北斗卫星导航系统工程建设阶段;2007 年第 1 颗 MEO(中圆地球轨道)卫星发射成功;2012 年北斗卫星导航系统总共由 14 颗卫星构成,包括 5 颗 GEO(同步地球轨道)卫星、5 颗 IGSO(倾斜地球轨道)卫星和 4 颗 MEO 卫星,实现了区域无源服务能力。

第三步,2020 年全面建成北斗卫星导航系统,形成全球覆盖能力。

2011 年 12 月 27 日,北斗卫星导航系统正式提供试运行服务,开始向我国及周边地区提供连续无源定位、导航、授时与短报文通信等服务。截至 2012 年 5 月,共有 4 颗北斗导航试验卫星和 13 颗北斗导航卫星发射升空并运行在预定轨道。

1. 系统组成

北斗卫星导航试验系统的空间段由 3 颗距离地面高度约 36000m 的地球同步轨道(GEO)卫星组成,其中 2 颗为工作星,分别位于东经 80°和 114°的赤道上空,另一颗为备份星,运行在东经 110.5°上空。每颗北斗导航试验卫星的设计寿命是 8 年。

北斗卫星导航系统的空间部分由 5 颗静止轨道(GEO)卫星和 30 颗非静止轨道(Non – GEO)卫星构成,其中非静止轨道卫星包括 27 颗中圆轨道(MEO)卫星和 3 颗倾斜同步轨道(IGSO)卫星。5 颗 GEO 卫星分别位于东经 58.75°、80°、110.5°、140°和 160°。MEO 卫星轨道高度为 21500km,轨道倾角为 55°,均匀分布在 3 个轨道面上;IGSO 卫星轨道高度为 36000km,轨道倾角为 55°,均匀分布在 3 个轨道面上。

北斗卫星导航系统的星座构成如图 1.3 所示。

随着 2012 年 4 月 30 日第 12、13 颗北斗导航卫星的发射升空,太空中已有北斗卫星导航系统的 5 颗 GEO 卫星、5 颗 IGSO 卫星和 3 颗 MEO 卫星,按照"5 + 5 + 4"的星座组网计划,未来还将有 1 颗 MEO 卫星发射。这三种卫星及星座的有关参数如表 1.1 所列。

图 1.3 北斗卫星导航系统的星座

表 1.1 北斗卫星导航系统星座参数

参数 \ 星座	GEO	IGSO	MEO
数量	5	5	4
轨道	地球同步轨道	高轨倾斜圆轨道	中轨圆轨道
倾角/(°)	0	55	55
半长轴/km	42164	42164	27878
偏心率	0	0	0
经度/(°)	58.75,80(E),110,140,160(E)	118(E),98(E)	0.120(赤道)
轨道高度/km	35786	35789	21528

2. 主要性能指标

2011 年 12 月北斗卫星导航系统正式投入试运行后,经过系统测试,系统试运行期间的主要性能指标如下:

(1)服务区域:东经 84°到东经 160°,南纬 55°到北纬 55°之间的大部分区域;

(2)定位精度:平面 25m、高程 30m;

(3)测速精度:0.4m/s;

(4)授时精度:50ns;

(5)广域差分服务定位精度:1m;

(6)短报文通信:120 个汉字/次。

1.2.2 GPS 卫星导航系统

GPS 的提出起源于 1973 年美国国防部的 NAVSTAR – GPS 方案,其设计目标是能够利用 L 频段的无线电导航信号向美国陆海空三军提供高精度、全天候、全球性的定位服务,用于精确制导武器的投放和发射、情报收集、核爆监测和应急通信等军事领域。GPS 星座设计方案的最初设想是将 24 颗卫星均匀布设在 3 个互成 120°的轨道上,每个轨道上的卫星数量为 8 颗,轨道倾角为 63°,地球上任意观测点可观测到 6 颗~9 颗,粗码精度为 100m,精码精度可达 10m。但是由于开发阶段的预算不断受到国会压缩,GPS 系统不得不减少卫星数量,计划改为 18 颗卫星分布在 6 个互成 60°的轨道面上,并且一些 GPS 卫星由航天飞机承担发射任务,这样的方案设计使得导航系统的可靠性无法得到保证。在 1988 年,GPS 工程计划进行了最终修改,由 21 颗工作卫星和 3 颗备用卫星分布在互成 30°的 6 个轨道面上,每个轨道上 4 颗卫星,轨道倾角为 55°,这一星座设计方案也一直沿用至今。

1. 系统组成

GPS 空间段的组网结构设计为:GPS 基本星座由 24 颗卫星构成,均匀分布在 6 个中地球轨道(Medium Earth Orbit,MEO)上,每个轨道上的卫星数量为 4 颗,其中 1 颗为备用星,轨道的高度约 20200km(距地面高度),轨道周期为 11h 58min,6 个轨道均为圆轨道,轨道与赤道之间的倾角为 55°。这样的设计使得地面上任意位置的观测者均可在一天内的任意时刻接收到至少 4 颗卫星播发的无线电信号,从而实现定位与导航的目的。

目前 GPS 空间段的卫星数量已经超过了 24 颗,包括处于工作状态的卫星和即将退役或用于备份的闲置卫星,多出的这些卫星并不参与 GPS 基本星座的组网,但它们共同工作时将会提高 GPS 的定位、导航和授时精度及可靠性。截至 2012 年 5 月,共有 31 颗 GPS 卫星在轨运行,包括 10 颗 GPS ⅡA 卫星、12 颗 GPS ⅡR 卫星、7 颗 GPS ⅡR-M 卫星和 2 颗 GPS ⅡF 卫星,其中在 2011 年 7 月 16 日最新发射的 GPS ⅡF-2 卫星替换了已到达使用寿命的一颗 Block ⅡA 卫星。

按照美国最新的研究报告设想,未来的 GPS 系统将重新采用 3 个轨道面的方案,星座结构为每个轨道上均匀分布的 10 颗卫星,这将简化对导航星座组网的维持和配置,并且便于"一箭双星"发射。

一般意义上的精度(Accuracy)指的是一个物理量的测量值与其真实值之间的接近程度,常用误差(Error)来表示。对于卫星导航系统而言,GPS 系统的精度指的就是导航信号给出的观测点位置参数与其实际地理点位之间的差值。

GPS 系统的定位精度受很多因素影响,如在轨卫星的星历误差和钟差、电离层对导航信号的干扰、无线电传输过程中的时延误差、接收机对信号的基带处理能力等。最初设计时 GPS 系统的定位精度是粗码 100m、精码 10m;后来随着接收机的发展,GPS 系统的单点实时定位精度大幅提高,粗码为 5m~10m,精码为 1m~2m;目前 GPS 在轨工作卫星数量远超过设计额定数量,这也在一定程度上降低了 GPS 接收机的定位误差,一般的民用接收机在搜星条件良好的情况下可达到 5m 范围内的定位精度,而经过加密处理的美军军用导航信号的精度更是达到了厘米级。

2. 发展历程

GPS 计划的实施经历了三个历史阶段。

第一阶段:方案论证和初步设计阶段。1973 年美国国防部正式批准了 GPS 方案,随后的 1978 年—1979 年间,4 颗 GPS 试验卫星发射升空并入轨运行,轨道倾角为 64°,这一阶段还研制了最初地面接收设备并建立了跟踪控制站。

第二阶段:全面研制和试验开展阶段。从 1979 年—1984 年间,美国又先后发射了 7 颗称为"Block Ⅰ"的试验卫星,研制了多种用途的导航信号接收机并对定位结果进行量化评估,试验表明,这一阶段的 GPS 定位精度远远超过了设计之初的指标参数,仅用粗码进行定位时的精度即可达到 15m 以内。

第三阶段:工程建设与星座组网阶段。1989 年第一颗 GPS 工作卫星发射成功并很快投入使用,随后更多的 GPS 工作星进入预定轨道形成空间网络,这一阶段的卫星称为"Block Ⅱ"和"Block ⅡA",标志着 GPS 进入了工程建设和全面组网阶段,至 1993 年底,由 24 颗工作卫星组成的 GPS 星座基本建成。

1995 年 4 月 27 日,GPS 宣布投入正式运行,为全球用户提供不间断的定位服务。随后,美国在 1996 年启动了"GPS 现代化"工程,对 GPS 系统进行全面升级,更换工作失效的卫星,陆续发射了"Block ⅡR"、"Block ⅡR‐M"和"Block ⅡF"卫星。2000 年 5 月 1 日,美国宣布正式放弃可用性选择(Selective Availability,SA),并终止了在特定时刻人为降低定位精度的政策,标志着"GPS 现代化"迈出了第一步,而在空间段和地面段的现代化进程预计于 2013 年完成,随后 GPS 将进入"GPS Ⅲ"发展阶段。

目前,GPS 系统仍处在现代化进程中,未来几年时间里将有更多的 Block ⅡF 和 Block Ⅲ卫星发射升空,用以替代已到达服役年限的早期 Block Ⅰ或 Block Ⅱ卫星,参与到星座组网中。随着 L1C 信号频段的提出,第 4 种 GPS 民用信号很快将正式投入使用,预计未来 GPS 系统中应用最为广泛的两个频段会是 L1 频段和 L5 频段。

为了在不改变星座状态的情况下进一步提高国内用户使用 GPS 系统时的定位精度,一些区域性增强系统逐渐建立起来,如广域增强系统(Wide Area Augmentation System,WAAS)、连续运行参考站(Continuously Operating Reference Stations,CORS)、广域差分 GPS 系统(Nationwide Differential GPS System,NDGPS)等。

1.2.3 GLONASS 卫星导航系统

GLONASS 是苏联在 1976 年开始启动的全球卫星导航系统项目,它的起源基于前面所介绍的苏联第一代低轨导航卫星系统 CICADA(圣卡达),最初的目标是利用 24 颗卫星组成星座实现全球定位功能,为地球上或近地空间任意观测点的用户提供实时、连续的高精度定位、导航及授时服务。

1982 年 10 月第一颗 GLONASS 卫星 Kosmos – 1413 发射成功,随后的 3 年时间共有 3 颗模拟星和 18 颗测试星进入轨道。1985 年起 GLONASS 系统开始正式建设,至 1995 年底,GLONASS 导航星座已经布满,组网卫星数量超过 24 颗。俄罗斯政府于 1996 年 1 月 18 日宣布 GLONASS 全球卫星导航系统正式建成。但随着俄罗斯经济不断走低,该系统因失修陷入崩溃边缘。进入 21 世纪后,随着俄罗斯国内经济的好转,在 2001 年到 2010 年 10 月期间,GLONASS 系统逐步恢复到了该系统需要的 24 颗卫星。

与 GPS 类似,GLONASS 系统也规划了其现代化进程。从 2003 年开始,GLONASS 系统进入全面升级阶段,寿命更长、通信系统更为稳定的新型 GLONASS – M 卫星陆续发射并入轨运行,进入 2010 年后,随着 5 颗 GLONASS – M 卫星的发射成功,新一代 GLONASS 系统正式完成组网建设。2011 年 2 月,具有更轻便体积和更长久寿命的 GLONASS – K1 卫星首次发射并进入预定轨道,标志着 GLONASS 系统进入了第三代发展阶段。随后的 2011 年 4 月,该颗卫星发播的码分多址(CDMA)信号被地面检测站首次捕获,使得 GLONASS 的信号编码方式实现了重大转变。随着进一步提高系统性能和定位精度等方面研究项目的开展,GLONASS 系统在 2011 年底实现了全球覆盖能力。俄罗斯政府计划在 2014 年发射 GLONASS – K2 卫星,以进一步完善第三代 GLONASS 组网星座。到 2015 年,GLONASS 系统的定位精度将有望追赶上美国 GPS 系统的精度。

1. 系统组成

截至 2012 年 5 月,GLONASS 系统星座共包含 31 颗在轨卫星,其中 24 颗卫星运行在工作状态,4 颗卫星处于备份状态,1 颗卫星正在进行飞行参数测试,另外还有 2 颗卫星处于维护中。24 颗工作卫星均匀分布在 3 个近圆形轨道面上,每个轨道面运行着 8 颗卫星,与赤道间的轨道倾角为 64.8°,每两个轨道面之间的夹角为 120°,同一个轨道面上的卫星之间相隔 45°。GLONASS 系统的轨道高度约为 19100km,运行周期约为 11h 15min。

GLONASS 系统在最初设计时提出的精度目标是在 95% 以上的情况下水平定位误差小于 100m,高度误差小于 150m。但随着系统组网星座的全面建成与现代化进程的推进,GLONASS 的定位精度不断提高,早已超越了第一代 GLONASS 设想的参数标准。最近 5 年来 GLONASS 的定位精度几乎提高了一个数量级,从大约 35m 提高到 5m 以内。2011 年,在地面增强系统的辅助下,GLONASS 系统在俄罗斯本国境内的定位数据精度已经达到令人惊讶的 0.5m。随着地面控制站和信号接收终端技术的不断发展,到 2015 年时,GLONASS 系统在全球范围内的定位和导航误差将有望降低到 1m 左右,与 GPS 系统不相上下。

根据俄罗斯宇航局的官方报道,2006 年—2010 年的 5 年间 GLONASS 的定位精度逐步提高,具体如表 1.2 所列。

表 1.2 2006 年—2010 年 GLONASS 定位精度的提高

时间	2006.02.20	2007.02.20	2008.02.20	2009.02.20	2010.04.01
定位精度/m	25	18	15	5~10	5~7

2. 发展历程

在未来一段时期,俄罗斯政府将继续稳步推进 GLONASS 系统现代化工程的实施,目标是在 2015 年前使得系统的导航定位精度可以赶超 GPS 系统,所采取的主要措施包括以下几个方面。

(1) 继续加大政府财政支持和资金注入。2011 年 11 月,俄罗斯航天局表示将在 2012 年—2020 年间为 GLONASS 的发展划拨 3300 亿卢布(约合 104 亿美元)的专项经费。

(2) 加快第三代 GLONASS 系统的建设。随着 GLONASS – K 卫星的在轨运行,GLONASS 系统开始过渡到第三代的发展,GLONASS – K 卫星的使用寿命显著增长,并且可以同其他 GNSS 系统一样发播 CDMA 信号。俄罗斯政府计划在今后发射的每颗 GLONASS 卫星上均增加 CDMA 信号的无线电发射装置,以适应全球 GNSS 系统兼容与互操作的需求,但要将 GLONASS 系统完全改造成使用 CDMA 信号的导航系统尚需 10 年左右的时间。

(3) 开发差分增强系统。为了进一步提高 GLONASS 的精度指标,俄罗斯政府正在计划发展三个区域性增强系统,包括广域差分系统(WADS)、区域差分系统(RADS)和局域差分系统(LADS),通过在本国境内建立地面监测控制站和发展通信、测控设备的方式,在一定区域内为用户提供 3m~5m 精度范围内的精密定位服务。

(4) 积极拓展 GLONASS 的应用产业市场。军事方面,为陆、海、空三军提供不间断的高精度三维定位导航服务,并力求在精确制导、目标探测、敌我识别、联合作战等领域发挥重要作用。民用方面,在海洋测绘、地质勘探、灾害预报、交通管理等方面得到越来越多的使用,打破 GPS 的垄断地位。

1.2.4 Galileo 卫星导航系统

Galileo 卫星导航系统是欧盟正在建设中的全球导航定位系统,它将提供由民用控制的高精度、承诺性导航定位服务,是世界上第一个完全向民用开放的具有商业性质的卫星定位系统,既能够为民众提供高精度导航信号,又可以提供给政府和军方高度安全的加密信号。随着欧盟有关部门的大力支持,Galileo 正以高速发展的趋势进入国际主流 GNSS 市场,并将与 GPS、GLONASS 和北斗卫星导航系统实现兼容与互操作。

1. 发展历程

2002年3月,欧盟正式批准了Galileo项目,2003年3月起Galileo系统工程建设开始实施。2005年3月欧盟确定了Galileo系统的星座设计采用MEO轨道,并向ITU(国际电信联合会)申请了无线电信号的频段使用计划。2005年底与2008年,欧盟先后将两颗用于考察系统关键技术的试验卫星GIOV-A与GIOV-B送入太空轨道,按照计划,此后会有4颗工作卫星发射升空并进行在轨运行试验,它们将在2012年前重点验证系统空间段与地面段的基本功能实现。验证阶段完成后,Galileo系统的其他26颗卫星将陆续发射升空并在轨运行,完成Galileo星座部署,预计在2014年形成一个具有开放服务功能的初步系统,并于2018年前后建成具有完全工作能力的全球导航定位系统。

2011年10月21日,4颗Galileo在轨验证(IOV)卫星中的前两颗从欧空局发射中心发射升空并进入轨道。11月3日,首批两颗Galileo卫星开启有效载荷并进入信号激活测试阶段,相关的性能验证工作在2012年夏末已经完成,届时另外两颗IOV卫星也将发射入轨。其余的14颗Galileo工作卫星正在德国进行建造,预计在2015年前完成全部发射任务。

目前,Galileo系统首批两颗在轨验证卫星已全面通过性能评估试验,实现了Galileo计划发展的又一里程碑。按照欧盟对Galileo系统提出的快速发展计划,到2014年底Galileo系统将具有18颗在轨运行的工作卫星,确保能够提供初始服务;而2015年底系统将包含26颗卫星,基本实现全球定位功能;在2019年Galileo系统预计将建设成由30颗卫星构成的完整导航星座。

欧盟已决定将捷克首都布拉格作为Galileo系统的运行管理中心。Galileo计划的实施对于欧盟的发展具有关键性战略意义,从此欧盟拥有了属于自己的卫星导航系统,摆脱了对GPS的依赖,为今后建立起独立自主的军事防御体系奠定了坚实基础。据报道,欧盟现已着手准备发展第二代Galileo卫星导航系统,并计划在2020年—2025年开始全面部署。

2. 星座与轨道

Galileo系统的组网星座包括30颗卫星,其中27颗卫星为工作星,其余3颗为备份星,这些卫星均匀分布在3个中高度轨道面上,每个轨道面都部署9颗工作星和1颗备份星,3个轨道面相隔120°,轨道高度约为23600km,倾角为56°,卫星运行周期为14h 4min。每颗Galileo卫星的发射质量为625kg,其中有效载荷113kg,使用寿命设计为15年。

虽然Galileo系统的星座规划为30颗卫星,但目前为止只有建造18颗卫星的资金,其余12颗卫星的建造资金还未得到落实。

Galileo导航系统的星座布局与GPS和GLONASS类似,也是使用中高轨道(MEO)的星座组网,但整个系统设计为额定状态下由30颗卫星参与组网,这就大大增加了卫星的数量,使得星座结构得到一定改善,进而向用户提供具有更高精度系数的定位服务。在 Galileo 项目计划中提出,即便使用的是免费的民用信号,定位精度也有望达到 6m 左右,高于 GPS 系统在取消了 SA 政策后 C/A 码的 10m 定位精度;而对于一般的授权商业用户,Galileo 可提供误差小于 1m 的定位服务。

1.2.5 中国区域定位系统

中国区域定位系统(China Area Positioning System,CAPS)是我国自 2002 年起开始建设的转发式区域卫星导航系统。它的最初设想是"基于同步通信卫星的转发式卫星导航系统",于 2002 年 11 月由中国科学院国家天文台首次提出,并于 2005 年底完成试验系统的建设。

CAPS 系统首先在地面站生成导航电文及测距码后,通过发射天线将数据上传到已租用的在轨通信卫星上,然后利用卫星上的通信转发设备将这些数据发播给地面用户,这样便可"经济实惠"地不依赖于专用导航卫星提供定位及授时服务。

由于 CAPS 系统的无线电信号使用的是 C 波段频谱,因此可以租用的空间在轨卫星资源非常丰富。在 CAPS 系统的建设初期,首先租用的是处于地球同步轨道上的 GEO 商用通信卫星组成试验性星地座网络,后来为了实现三维定位的目的,又租用了已经退役的一些 IGSO 轨道通信卫星,这些卫星上的通信设备及能源系统仍可继续工作,将一定数量的 IGSO 通信卫星加入导航星座后,它们便与之前使用的 GEO 通信卫星共同组成了混合星座多轨道导航系统,显著提高了系统的性能和精度指标。

2005 年 12 月,CAPS 试验系统初步建成。在我国领土上空范围,CAPS 系统在一天中的任意时刻都具有足够多的卫星数量,并且保持着稳定的星座结构,因此可以在我国大陆区域内提供高精度、全天候的定位与授时服务。经过地面测试,CAPS 系统粗码的定位精度为 20m 左右,精码则在 10m 以内,已基本达到 GPS 民码的精度。与一般的卫星导航系统相比,CAPS 系统还有一个独特而显著的特点,那就是通过搭载商用通信卫星平台实现了通信导航的一体化。

从发展卫星导航系统的长远战略规划来看,北斗卫星导航系统无疑将会成为我们国家未来全球卫星导航系统建设的主要方向,与此同时,CAPS 系统仍然具有广阔的市场应用价值和良好的发展前景,值得进一步开展实验与探索工作。

1.2.6 欧洲静地导航重叠系统

欧洲静地导航重叠系统(European Geostationary Navigation Overlay System,EGNOS)是欧洲自主建设的第一个卫星导航系统。作为一个天基增强系统,

EGNOS 通过对 GPS 和 GLONASS 系统的差分增强来实现区域定位的目的,显著提高了导航定位的可靠性和准确度,使现有的 GPS 和 GLONASS 系统在局部区域更加适用于航空、航海、生命安全服务等领域。

EGNOS 是欧盟发展 GNSS 计划的第一步,也是为建设 Galileo 系统进行的重要探索。该系统的方案最早在 1994 年提出,1998 年开始建设实施,2002 年进入试验验证阶段,2003 年—2004 年间,EGNOS 完成地面布设并在南美洲、非洲和中国进行了测试,在 2006 年投入试运行,到 2008 年全面建成,2009 年 10 月开始正式向用户开放服务。EGNOS 系统的出现使得欧洲在 Galileo 系统建成前便可提前进入 GNSS 市场,为用户提供航空、海运、生命安全、陆地运输、时频计量等方面的高效服务。

EGNOS 系统由四部分组成:空间部分、地面部分、用户部分和支持系统。其中空间部分包括 3 颗在 GEO 轨道的 EGNOS 卫星(分别位于大西洋东部、印度洋和非洲上空),地面部分包括 34 个测距及完好性监测站(RIMS)、4 个主控中心(MCC)和 6 个导航地面站(NLES),用户部分包括 EGNOS 接收机、静/动态测试平台及各种专用设备,支持系统包括 EGNOS 广域差分网、开发验证平台、性能评估平台等。

EGNOS 系统与其他广域差分增强系统一样,通过向用户发播差分修正信息的方式提高应用 GPS 或 GLONASS 系统进行导航定位时的精度。EGNOS 地面站可以向用户提供三种差分增强信息:①对卫星星历参数和钟差的修正;②测距码的电离层偏差修正;③系统的完好性信息和可靠性评估。通过这种广域差分校正,EGNOS 系统全面改善了 GPS 和 GLONASS 对用户的定位和授时服务质量。测试结果表明,在欧洲大部分区域,EGNOS 的水平定位精度在 1m 左右,高程定位误差小于 3m。

EGNOS 系统的另一大特点是具有可移植和扩充的能力,只要在 EGNOS 系统 3 颗 GEO 卫星的覆盖区域内架设地面监测站,亚洲、非洲、美洲的用户也可获得与欧洲同样的区域增强服务。2003 年底,欧盟联合中国科学院在我国大陆地区开展了对 EGNOS 系统的测试工作,从测试结果来看,EGNOS 在我国的静态定位精度约为 1m~2m,动态情况下为 1m~2.5m。

EGNOS 系统是 Galileo 系统的前身,为 Galileo 系统的建设积累了丰富的经验,在未来与 Galileo 系统的同步发展中,EGNOS 的主要任务是进一步提高系统的完好性、连续性和适用性,最终在 2015 年前后成为 Galileo 系统的重要组成部分,建成一个开放式的、完全受民用控制的全球卫星导航系统。

1.2.7 准天顶卫星系统

日本国内早在多年前便开始使用 GPS 系统,但由于城市地区大多地处山地或峡谷,GPS 提供的导航定位服务时常因为信号质量较差而无法很好地满足车载用户的需求,故有关部门提出要加紧建设自己的区域卫星导航系统,这就是准天顶卫星系统(Quasi – Zenith Satellite System,QZSS)。

日本政府部门于 2002 年提出建设 QZSS 系统的初步设想,系统的工程建设自 2006 年 3 月正式启动,旨在充分考虑与 GPS 兼容和互操作的基础上对 GPS 信号进行区域性增强,通过转发 GPS 信号和修正信息的方式来满足国内对高精度定位和授时服务的需求。

QZSS 系统由空间星座、通信链路和地面部分构成。系统的星座由分布在 3 个 HEO(高倾斜地球轨道)上的 3 颗卫星组成,星下点轨迹呈"8"字形,周期为 23 小时 56 分。由于 HEO 轨道具有很大的倾角,故 QZSS 卫星的位置相对地球并不固定,而且卫星轨道相对赤道不是均匀对称的,距离北半球更远些。3 颗 QZSS 卫星构成的星座可以在日本领土上空保持高仰角覆盖,在任意时刻始终有 1 颗卫星位于天空顶点,因此被称为"准天顶系统"。由于 QZSS 卫星的仰角都比较高,这就使得处于山区、峡谷、城市高楼之间或其他观测条件较差的用户也可以不间断地接收到卫星信号,获得连续的高质量服务,这也是 QZSS 系统所特有的优势。

QZSS 地面部分建有 1 个主控站、1 个时间管理站、2 个跟踪控制站和 10 个地面监测站,系统的工作过程为:分布在国内各主要位置的地面监测站同时观测接收 QZSS 和 GPS 的卫星信号,主控站从这些地面监测站采集数据信息,计算并预报 QZSS 和 GPS 的钟差、轨道位置等参数并生成导航电文,再将这些电文发送到跟踪控制站,之后通过无线电遥控分系统上传到 QZSS 在轨卫星,并在星上生成新的添加了导航电文的增强信号,通过 L 频段转发天线广播给地面用户,实现提高 GPS 定位精度的目的。

QZSS 的首颗卫星"指路号"在 2010 年 9 月发射成功,首先用于试验验证。2011 年 6 月,这颗卫星发播的 GPS 增强信号开始用于导航和定位服务。QZSS 系统使用的无线电信号有 6 种,分别是 L1C/A、L1C、L2C、L5(用于定位)、L1 – SAIF、LEX(用于 GPS 增强),可以提供与 GPS 系统 L1、L2 和 L5 频段上民用信号同样中心频率、带宽、PRN 码和数据结构的导航信号。根据目前的测试结果,使用 L1C、L1C/A、L2C 和 L5 信号得到的平均水平定位精度中,单频用户测距误差约 5m,双频用户则在 2m 左右。

QZSS 系统具有以下几个方面的优点:①弥补现有通信卫星系统数字化程度和图像处理能力较低的缺陷;②通过对 GPS 信号的补充和增强实现更高精度的定位服务;③用户具有较高的观测倾角,利于克服地理障碍的限制;④在 QZSS 星座中增加 3 颗 GEO 卫星便可扩建成为一个独立的卫星导航系统。日本政府已决定在 2020 年前建成由 4 颗卫星组成的完整的 QZSS 系统,以显著提高 GPS 系统在国内的定位精度,最终还将发展成为由 7 颗卫星组成的星座网络实现覆盖全球的目标,彻底摆脱对 GPS 的依赖。

1.3　卫星授时的应用与发展

目前随着信息技术的发展,各种分布式网络对时间同步的要求越来越高,卫星授时由于成本低、精度高等优点获得广泛的应用。

国内中国电信的 CDMA 和中国移动的 TD – CDMA 网络均采用卫星授时的方法实现同步。每种网络都具有超过 10 万个节点。电网时间同步历来是电力行业普遍关注的问题。电网的运行自动化系统、故障录波器、微机继电保护、事件顺序记录装置、系统 AGC 调频、负荷管理、跨大区电网联络线负荷控制、运行报表统计、电网运行设备的操作以及电网发生事故时间等,都要求电网有一个统一的时间标准。无论主站设备或站端 RTU ,都需要标准时钟提供统一的标准时间信息。电力系统现有大小变电站数量超过 12750 个。

在现代铁路交通领域,为了提高运载能力,行车密度越来越高,列车运行速度也越来越快,各铁路站点的调车任务繁重,车辆来往频繁。在铁路站点内的时间显示系统因此显得重要起来,如果时间显示不准确,各处时钟显示偏差过大,无疑会造成旅客的出行不便,也可能造成车站内部调度一定程度上的混乱。2005 年全国铁路站点超过 3780 个,城市地铁站点数量超过 530 个(包含中国香港),而且这一领域增长速度较快。

随着全球信息化程度的提高,需要用到授时设备的领域越来越多,应用到诸如移动通信、银行证券、地震、雷达、气象环境等领域是未来发展的趋势。全国各类银行网点总数超过 87301 个,证券营运部超过 3072 家;2001 年我国有线台、无线台、企业台等各类电视台总计曾达到 6800 多家,电视台数量有 3000 多家,5000 多个频道。此外,在未来 3G 移动网、数字同步网、公安网、气象台站、雷达、地震等地理范围较大的同步网络均有潜在的市场需求。

目前卫星授时的应用与产品主要以 GPS 授时应用产品为主,随着我国北斗导航系统的建设,北斗授时产品无论从技术水平还是应用范围,都在蓬勃发展。目前卫星授时的主要应用领域为电信数字移动通信基站和电力系统各种站点。

目前唯一正式运营的北斗卫星导航试验系统提供的 RDSS 单向授时适合于固定点的授时,在电力系统获得广泛应用。在获知准确位置信息基础上,RDSS单向定时可以获得 100ns 的时间传递精度。目前国内都已研制出北斗和 CAPS 的授时接收机。

目前国内的授时机与 GPS 授时接收机在性能和价格上还存在一定的差距,原因是国内的授时机都采用通用器件开发,产业规模小。随着北斗卫星导航系统的发展以及国家政策的推动,这一差距将迅速减小。2012 年中国第三届导航年会的召开,展示了中国导航产业的盛大阵容。我们相信,在国内导航产业科技工作者的努力下,具有自主知识产权的授时接收机将获得迅速的发展。

卫星授时随着卫星导航技术和频率基准技术的发展,将出现以下发展趋势。

1. 授时精度不断增加

随着导航技术的发展,各国均大力发展导航系统。美国提出了 GPS 增强计划,欧洲的伽利略系统也正在快速发展。各种差分及区域增强系统的发展也如火如荼。中国目前已具有两套区域导航系统,均能实现国土范围内的授时,正在准备发展北斗二代导航系统。卫星授时接收机的性能也在不断提高,UBLOX 公司生产的 LEA - 5T 接收机,具有 50 通道并行接收能力,授时精度可达 15ns。可以预见的是,卫星定时接收机的精度将更高,其可用性和可靠性均会大大增强。

2. 应用范围将进一步扩大

目前随着电力系统信息化程度的进一步提高,其各站点对时间同步的需求也进一步增加。目前建设的移动通信网络均有全网时间同步的需求。交通、金融、广电等部门都有时间同步的需求。

3. 具有自主知识产权的授时产品将获得优先发展

由于 GPS 接收机市场成熟化高,目前卫星驯服系统大多采用 GPS 授时,然而 GPS 系统为美国军方控制,存在关键时刻不能使用的可能性。随着我国国力增强,电信、电力等网络必然需要采用具有自主知识产权的导航系统进行授时。

参 考 文 献

[1] Dass T,Freed G,Petzinger J,et al. GPS Clocks in Space:Current Performance and Plans for the Future, Proceedings 34th Precise Time and Time Interval (PTTI) Meeting, pp. 175 - 192,December 2002.

[2] 童宝润. 时间统一技术[M]. 北京:国防工业出版社,2004.

[3] 刘基余. GPS 卫星导航定位原理与方法[M]. 北京:科学出版社,2006.

[4] 王惠南. GPS 导航原理与应用[M]. 北京:科学出版社,2003.

[5] 赵琳. 卫星导航系统[M]. 哈尔滨:哈尔滨工程大学出版社,2000.

[6] 李越,邱致和. 导航与定位[M]. 2 版. 北京:国防工业出版社,2008.

[7] 谭述森. 卫星导航定位工程[M]. 北京:国防工业出版社,2007.

[8] 熊志昂,李红瑞,赖顺香. GPS 技术与工程应用[M]. 北京:国防工业出版社,2005.

[9] 黄智刚. 无线电导航原理与系统[M]. 北京:北京航空航天大学出版社,2007.

[10] 吴美平,胡小平. 卫星定向技术[M]. 长沙:国防科学技术大学出版社,2007.

[11] 黄丁发,熊主良,周乐韬,等. GPS 卫星导航定位技术与方法[M]. 北京:科学出版社,2009.

[12] 吕洋. 基于北斗一号系统无源授时机的研究与实现[D]. 长沙:国防科学技术大学,2009.

[13] 刘基余. 方兴未艾的 GNSS 全球卫星导航系统[J]. 导航天地,2011 年增刊:32 - 38.

[14] 赵静,曹冲. GNSS 系统及其技术的发展研究[J]. 全球定位系统,2008(5):27 - 31.

[15] 郭信平,曹红杰. 卫星导航系统应用大全[M]. 北京:电子工业出版社,2011.

[16] Elliott D. Kaplan, Christopher J. Hegarty. Understanding GPS—Principle and Applications, Second Edition [M]. Beijing:Publishing House of Electronics Industry, 2007.

[17] Pratap Misra, Per Enge. Global Positioning System—Signals, Measurements, and Performance, Second

Edition [M]. Beijing: Publishing House of Electronics Industry, 2008.

[18] David A. Turner. U. S. Update on GNSS Programs, Plans, and International Activities [R]. Guangzhou, China: The 3 rd China Satellite Navigation Conference, 2012.

[19] David A. Turner. U. S. GPS Policy, Programs & International Cooperation Activities [R]. Shanghai, China: The 2 nd China Satellite Navigation Conference, 2011.

[20] Tatiana Mirgorodskaya. GLONASS Status and Plans [R]. Shanghai, China: The 2 nd China Satellite Navigation Conference, 2011.

[21] Tatiana Mirgorodskaya. GLONASS Government Policy, Status and Modernization [R]. Guangzhou, China: The 3 rd China Satellite Navigation Conference, 2012.

[22] Jean – Yves Poger. The European Satellite Navigation Programmes—EGNOS and Galileo [R]. Guangzhou, China: The 3 rd China Satellite Navigation Conference, 2012.

[23] RAN Chengqi. BeiDou Navigation Satellite System [R]. Turin, Italy: The 5 th Meeting of International Committee on GNSS, 2010.

[24] RAN Chengqi. Development of BeiDou Navigation Satellite System [R]. Vienna, Austria: The 6 th Meeting of International Committee on GNSS, 2011.

[25] 中国卫星导航系统管理办公室. 北斗卫星导航系统发展报告[R]. 中国卫星导航系统管理办公室,2012.

[26] 冉成其. 北斗卫星导航系统发展计划的实施[R]. 上海:第二届中国卫星导航学术年会,2011.

[27] 冉成其. 北斗卫星导航系统发展之路[R]. 北京:第一届中国卫星导航学术年会,2010.

第 2 章　卫星导航系统时间频率体系

2.1　概　述

卫星导航系统利用卫星发播无线电信号来实现定位导航。一般而言,能实现定位导航的卫星导航系统均可实现授时。GPS 全球定位系统是目前使用最为普遍的导航系统。我国目前有北斗卫星导航系统和 CAPS 卫星导航系统,二者均可实现授时。

卫星导航系统提供的用户服务均基于各卫星发射的无线电信号,为保障各卫星发射的导航信号的精确同步,都必须建立一个统一的时间参考,通常称为系统时间或系统时,这个系统时间要求独立、可靠、均匀和准确。卫星导航系统的时间系统通常由地面控制中心和卫星的时间基准共同决定,但主要取决于地面时间基准。地面时间基准系统的优劣将直接影响卫星导航定位系统的性能指标。卫星导航系统采用星地时间同步技术确保地面段与空间段的时间同步。

由此可见,在卫星导航系统中时间频率起到一个主要作用。时频特性对于时间同步、卫星轨道确定和预测具有直接效果。系统的各种测量精度也严重依赖于时频特性。导航系统必须要有一个好的时间尺度和实时物理时频信号以提供良好的授时导航服务。时频系统就是卫星导航控制系统实现运行、处理和控制任务的基本组成。

卫星导航系统目前有主动式和转发式两种时间同步方式,主动式如 GPS、Galileo 和中国北斗二代导航系统,这些系统的导航卫星上均装载有星载原子钟,导航信号发播的实时基准来自该原子钟;地面段监测星载原子钟与地面时间基准的时差,并将该时差通过导航电文下发至用户,由用户接收机予以消除。

转发式如北斗一代导航系统、CAPS 导航系统。系统中的卫星上无星载原子钟,卫星实时转发地面站发送的信息。用户接收到卫星转发信号后,计算出时延并予以补偿,恢复出系统时间。该类系统的导航卫星通常为地球同步轨道卫星,可以确保任意时刻均可接收到地面信息,具有稳定的地面覆盖区域。转发式导航系统的优点在于地面钟的性能要高于星载钟的性能,由于星载原子钟还受到相对论效应的影响,时间稳定度和准确度会进一步降低。其缺点在于时间传递路径增加了一倍,不仅有下行时延,还有地面站的上行时延,时延修正量增大。

此外卫星导航定位系统的时间必须是独立、稳定可靠、连续运行的均匀的自由时间尺度。为了便于应用,卫星导航系统时间必须与国际法定的标准时间同步(溯源),以实现全球时间的同步和统一。

现有和在建的 GNSS 系统时间都以国际原子时 TAI 或协调时间时 UTC 为参考。

2.2 时间参考系

目前时间参考系主要包括:世界时 UT(Universal Time)、历书时 ET(Ephemeris Time)、国际原子时 TAI(International Atomic Time)、协调世界时 UTC(Coordinated Universal Time)等。

2.2.1 世界时

世界时是一种基于地球自转这一物理现象的时间标准。由于人们生活在地球上,人们的生活和生产活动与地球自转密切相关。各种天体东升西落的现象就是地球自转所造成的,因此地球自转自然成为了最早用来作为计量时间的标准,真太阳日就是指太阳两次通过观测者天顶所用的时间。

随着近代科学发现,地球除自转外,还围绕着太阳公转,而且地球绕太阳公转的轨道平面与赤道平面并不重合,而是有一个 $23°27'$ 的夹角,使得我们观测到的真太阳日不是一样的长短。随之人们引入了平太阳日的概念,所谓平太阳日就是天球上一个假想的点,它在赤道上运动的速度是均匀的,且与真太阳的平均速度一致,它的赤经与真太阳的黄经相差尽量小。平太阳两次通过格林尼治天文台天顶的时间间隔为一个平太阳日,而一个平太阳日为 24 个平太阳时,即 86400 平太阳秒。以平子夜作为 0 时开始的格林尼治平太阳时,称为世界时 UT。

UT 世界时是以地球自转为基准得到的时间尺度,其精度受到地球自转不均匀变化和极移的影响。为了解决这种影响,1955 年国际天文联合会定义了 UT_0、UT_1 和 UT_2 三个系统。

UT_0 系统:由天文观测直接测定的世界时,未经任何修正;该系统在早期一直被认为是稳定均匀的时间计量系统,得到广泛应用。

UT_1 系统:随着更为精确的时钟问世,天文学家发现在不同地点度量的世界时出现差别,这种差别是由地轴摆动而引起的。各地天文台详细测量了地轴摆动的影响后,制定了一种称为 UT_1 的新时标,消除该影响;UT_1 系统是在 UT_0 基础上加入了级移改正 $\Delta\lambda$。

UT_2 系统:在时钟精度得到进一步改进后,人们又发现 UT_1 具有周期变化,这种变化是对地球自转季节性变化引起的;UT_2 系统是在 UT_1 基础上加入了地球自转速率的季节性改正 ΔT。

三者之间的关系可表述为:

$$UT_1 = UT_0 + \Delta\lambda$$
$$UT_2 = UT_1 + \Delta T$$

2.2.2　历书时

由于经修正后的世界时仍包含由地球自转速率不规则变化而造成时间尺度的不均匀,导致了秒长的不确定性。而地球公转是一种天体运动,公转周期由天体力学的定律所确定,是一种更为均匀的时间。历书时是基于地球公转周期建立起来的,克服了地球自转速率的不均匀性导致世界时秒长不确定性的缺点,其精度比世界时有所提高,可以达到 10^{-9} 数量级。历书时是按照牛顿力学定律建立的太阳历表的时间参量,又称牛顿时,其秒长在 1960 年—1968 年曾被采用为时间的基本单位。历书时的缺点是其精确测量需要耗费大量时间,观测、处理过程复杂,不适合实时性要求很强的工程领域。

历书时与世界时的关系:

$$ET = UT_2 + \Delta T$$

ΔT 除包含长期变化外,还包含不规则的变化,它只能由观测决定,而不能由任何公式推测。由于历书时的测定精度有限,1967 年用原子时代替历书时作为基本的时间计量系统。1976 年第 16 届国际天文联合会议决定,自 1984 年起天文计算和历表上所采用的时间单位,也都以原子时秒为基准。

2.2.3　国际原子时

随着世界时和历书时已越来越不能满足日益增高的要求,为寻找更为准确的时间标准,人们把眼光从宏观世界转向微观世界。针对某些元素的原子能级跃迁频率有极高的稳定性,可采用原子的能级跃迁间隔作为时标。

目前秒长的定义是在 1967 年 10 月第 13 届国际计量会议通过的,描述如下:"位于海平面上的铯原子(Cs^{-133})基态两个超精细能级间在零磁场跃迁辐射 9192631770 周所持续的时间为一个原子秒"。国际计量局(BIPM)根据世界各国的实验室按照国际单位制系统时间的定义运转的原子钟的读数建立的时间参考坐标,称为国际原子时。迄今为止,全世界有 60 多个实验室约 500 余台的原子钟参加了 TAI 的守时工作。BIPM 采用 ALGOS 加权平均算法进行综合原子时计算。原子时的起点定义在 1958 年 1 月 1 日 0 时 0 分 0 秒,在这一瞬间,原子时与世界时重合。

参与 TAI 计量的世界主要守时实验室有:

1. BIPM

国际计量局(Bureau International des Poids et Mesure,BIPM)由米制公约创建,设在法国巴黎,是国际计量大会(CGPM)和国际计量委员会(CIPM)的执行机构。BIPM 的职责是确保成员国能够与计量单位相关的所有事物保持一致。其中时间部门的主要工作是协调各守时实验室时间比对,计算和发布协调世界时 UTC 和国际原子时 TAI。

2. USNO

美国海军天文台 USNO(United States Naval Oberservatory)位于美国首都华盛顿的西北部,主要工作是为美国海军、国防部等部门提供高精度的天文数据,测量地球自转、天体的运动和位置,发布标准时间。GPS 系统的主钟与 USNO 的主钟互为主备。USNO 目前由 69 台铯原子钟、24 台氢钟和 4 台铯喷泉钟组成。USNO 所保持的 UTC(USNO)的准确度和稳定度处于国际领先水平。

3. NIST

美国国家标准与技术研究院(National Institute of Standards and Technology,NIST)直属美国商务部,从事物理、生物和工程方面的基础和应用研究,以及测量技术和测试方法方面研究,提供标准、标准参考数据及有关服务。NIST 的时间频率部隶属于 NIST 的物理实验室,主要负责美国国家标准时间和频率的产生、保持和传播。NIST 目前拥有 8 台铯原子钟、6 台氢原子钟和 1 台铯喷泉钟。

4. PTB

德国联邦物理技术研究院(Physikalisch-Technische Bundesanstalt, PTB)作为全球时间频率比对中心,为国际原子时的产生做出了巨大贡献。PTB 目前采用自己研制的铯频标实现德国国家标准时间的产生、保持和传播。

5. NTSC

NTSC 的全称为中国科学院国家授时中心,位于陕西西安临潼。NTSC 负责我国国家标准时间的产生、保持和发布。NTSC 是我国最早参与国际时间比对的单位,其守时结果参与了国际原子时 TAI 的计算。NTSC 目前拥有 19 台铯原子钟、4 台氢原子钟。

2.2.4 协调世界时

世界时和历书时虽然准确度可以达到 $10^{-8} \sim 10^{-9}$ 数量级,但是对于许多需要高精度时间的应用领域来说,其精度还远远不能满足要求,原子时远比世界时和历书时精确,但对从事如大地测量等与地球角位置密切相关的工作时,又要参考世界时,为了同时适应两种需要,产生了所谓的"协调世界时",简称 UTC。UTC 通常用于日常生活,以原子时度量,周期性地(0.5 年~2.5 年)对其修正 1s,以保证 UT – UTC 不大于 0.9s。位于巴黎的国际地球自转事务中央局负责决定何时加入闰秒。一般在每年的 6 月 30 日、12 月 31 日的最后一秒调整。北京时间(BST)是中国使用的标准时间,在 UTC 基础上提前了整整 8 个小时。位于西安临潼的中国科学院国家授时中心(NTSC)负责我国标准时间的产生、保持和发布。

UTC 信号通过无线电广播网传播。它相对来说是均匀性较高的时标,本质上是原子时;与太阳时的自然过程(升起、降落)有比例关系。

UTC 是世界时和原子时两种性质完全不同的时间标准协调的产物,由于兼顾了各方面的需求得到了广泛认同。但目前 UTC 频繁的跳秒给连续计时的系统带来了很大的问题。由于闰秒的累积,截止至 2012 年 7 月,TAI 在时刻上超前 UTC 35s,即

$$TAI - UTC = 35s$$

跳秒过程是一种非常规的时间计数,如正闰秒,在跳秒瞬间出现了 23 时 59 分 60 秒;负闰秒,则直接从 23 时 59 分 58 秒跳到 00 时 00 分 00 秒。是否进行 UTC 的跳秒是通过天体观测决定,没有规律可言。目前 3G 数字移动通信系统、银行、电力等信息系统均具有统一的时间,UTC 跳秒必须人工干预才能实现,消耗了大量人力资源,并造成系统的暂时中断。跳秒过程中系统面临巨大风险。

目前人们也日益重视 UTC 跳秒带来的问题,有专家提出跳秒次数减少,一次跳秒间隔增大。如累计到误差 1 分钟再进行跳秒。也有专家提出永远取消跳秒。即使 100 年不跳秒,导致的与历书时的误差也是微乎其微的,不会对人的正常生活造成影响。但最终的决定是跳秒短期内仍不会取消,2012 年 6 月 30 日进行了最近一次跳秒。表 2.1 列出了历年来跳秒的情况。

表 2.1　历年来的跳秒

年份	6 月 30 日 23:59:60	12 月 31 日 23:59:60	年份	6 月 30 日 23:59:60	12 月 31 日 23:59:60
1972 年	+1s	+1s	1987 年		+1s
1973 年		+1s	1989 年		+1s
1974 年		+1s	1990 年		+1s
1975 年		+1s	1992 年	+1s	
1976 年		+1s	1993 年	+1s	
1977 年		+1s	1994 年	+1s	
1978 年		+1s	1995 年		+1s
1979 年		+1s	1997 年	+1s	
1981 年	+1s		1998 年		+1s
1982 年	+1s		2005 年		+1s
1983 年	+1s		2008 年		+1s
1985 年	+1s		2012 年	+1s	

2.2.5　格林尼治标准时间

格林尼治标准时间(Greenwich Mean Time,GMT)是 19 世纪中叶大英帝国的

基准时间,同时也是指位于伦敦郊区的皇家格林尼治天文台的标准时间。它以格林尼治天文台的经线为 0 度经线,将世界分为 24 个时区。由于地球自转的不规则,格林尼治时间已不再作为标准时间。在仅需要秒的情况下,通常也将GMT 时间和 UTC 等同。

2.3 卫星导航系统的时间统一体制

卫星导航系统通常分为空间段、控制段和应用段。空间段主要指卫星星座,卫星通常包括有效载荷和飞行控制系统;控制段主要指地面控制和监测网,包括主控站和多个监测站,确保卫星保持在正确轨道上,并监测卫星系统的健康状况;应用段由用户接收设备组成,用户接收设备处理卫星发射的信号,确定用户位置、速度和时间。

众所周知,卫星导航系统的定位是基于距离的量测解多元方程实现的,而距离的量测是基于时间间隔的测量实现,因此统一的时间频率是卫星导航系统正常运行和保证其精度的基础。

为了实现用户段的高精度应用,必须确保地面段和空间段的时间同步。各卫星发送信号时间误差越小,用户机越有可能获得较高的定位精度。转发式导航系统由于无星载原子钟,确保高精度的关键之一在于稳定的设备时延和精确的时延测量手段。北斗一号导航卫星在设计阶段即保证了稳定的设备时延,CAPS 系统由于租用了商用转发卫星,设备时延存在较大的不稳定性,采用虚拟原子钟技术实现设备时延的校正。

卫星导航系统的时间统一体系如图 2.1 所示,主控站具有原子钟组,根据与各地面站比对情况产生系统时间;各地的监测站也有原子钟,产生监测站的本地时间。卫星具有星载原子钟和时频子系统,产生卫星本地时间;多个监测站接收同一颗卫星信号,对卫星轨道和钟差进行测定,主控站产生具有钟差修正值的上行电文,通过主控站或上行站实现电文注入。卫星与卫星之间也可对发无线电测距信号,实现星间链路的时间同步。

常采用两种方法实现空间段的时间同步,一种为倒定位法,其原理与用户定位原理类似。多个地面观测站(大于 4 颗)接收同一颗导航卫星信号,测出伪距,实现卫星的精确定位;在地面站位置精确已知和时间精确同步下,可以求得卫星的精确位置和时间差。另一种方法为星间链路方法。两颗卫星双向发射信号,互相测得伪距,利用伪距计算可获得两颗卫星的钟差。有文献提出基于星载原子钟的 Allan 方差,建立系统状态方程,采用星间链路的观测量,设计适当的Kalman 滤波算法,可在地面观测站不介入的情况下,有效提高星间时间同步精度。

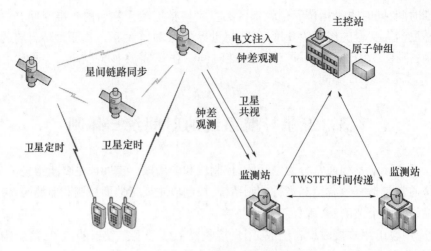

图 2.1　卫星导航系统的时间统一体系

　　除空间段时间同步外,地面监控站之间也需要高精度时间同步。常用的地面监控站之间的时间同步方法有采用双向卫星时间频率传递方法(Two Way Satellite Time and Frequency Tranfer,TWSTFT)和导航卫星共视法。当采用 TW-STFT 方式时,地面监控站同时对同一颗卫星发射测距信号,分别测量对方信号到达本地时刻与本地时刻差,计算出钟差。根据钟差即可对时钟进行调整。当采用导航卫星共视法时,地面监控站同时观测同一颗导航卫星,通过观测数据对比计算出时间差。

　　当采用多个卫星导航系统进行定位定时用户,必须考虑不同卫星导航系统时间的一致性问题。除了整秒差以外,各系统之间还存在几纳秒至几十纳秒级的波动。保持系统时间一致或者监测各系统之间的时间偏差是实现多种卫星导航系统实现兼容和互操作的基础。

2.3.1　双向卫星时间频率传递

　　双向卫星时间频率传递是目前应用最为广泛的远距离高精度时间传递方法之一,通过 TWSTFT 实现站间时间同步具有精度高、实时性强的特点。TWSTFT 技术是利用二基站同时向卫星发射不同伪码的时间信号,经卫星转发后,二基站接收对方台站的信号,由于路径的对称性,并不需要知道卫星本身的位置,对流层也全部抵消,电离层的影响也可不予考虑,一般认为 TWSTFT 技术实现的时间同步优于 1ns。

　　TWSTFT 系统原理如图 2.2 所示,地面站 A 与地面站 B 约定在整秒时刻向对方发送测时信号。地面站 A 的整秒时刻为 t_{AT},地面站 B 的整秒时刻为 t_{BT},A 接收到 B 站信号时刻为 t_{AR},B 接收到 A 站信号的时刻为 t_{BR}。假设 A 站与 B 站采用同样的设施,设备时延都相等,由于 A - >B 和 B - >A 传输路径相同,因此可认为信号从 A 站到达 B 站时间 Δt_{A-B} 和从 B 站到达 A 站时间 Δt_{B-A} 相等。Δt_1 为两站的时间差，Δt_2 为到达时间差，则可知 $\Delta t_1 = \Delta t_2$。

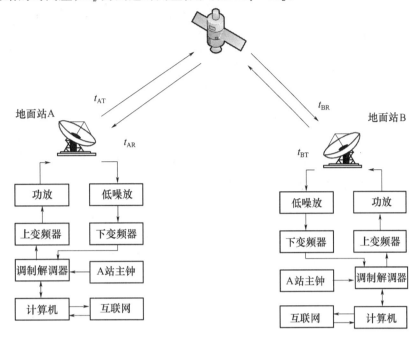

图 2.2　TWSTFT 系统组成

TWSTFT 时间同步流程如图 2.3 所示，Δt_{AA} 为 A 站发出信号时刻与接收到 B 站信号时刻之间的时间间隔，是在 A 站利用精密时间间隔测试设备可以精确测量的；同理 Δt_{BB} 也是可以精确测量的，因此两站的时间差：

$$\Delta t_1 = \frac{1}{2}(\Delta t_{BB} - \Delta t_{AA})$$

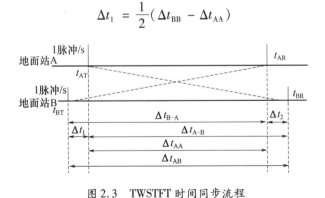

图 2.3　TWSTFT 时间同步流程

2.3.2　导航卫星共视时间传递方法

20 世纪 90 年代初，NIST 开发出 GPS 共视技术，其定义如下：在一颗 GPS 卫星的视角内,地球上任何两个地点的原子钟可以利用同一时间收到的同一颗卫星的时间信号进行时间频率比对。目前导航卫星共视法是世界守时实验室进行比对的主要技术手段之一。该方法消除了卫星钟差和轨道误差,也消除了大部分电离层误差,是一种性价比最优的方法。其工作原理描述见图2.4。

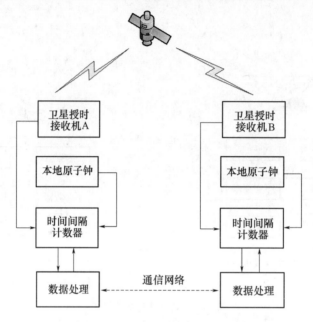

图 2.4 导航卫星共视法原理

设接收机 A 时间为 t_A,接收机 B 为 t_B,卫星导航系统时间为 t_{NAV}。两地接收机在同一时刻接收同一颗导航卫星信号。接收机 A 输出代表导航系统时间的秒脉冲,与本地原子钟输出的秒脉冲进行比较,得到时间间隔 Δt_{A_NAV};同样可得到时间间隔 Δt_{B_NAV}。利用通信网络,可得 A,B 两地时间差:

$$\Delta t_{AB} = t_A - t_B = t_{NAV} + \Delta t_{A\_NAV} - (t_{NAV} + \Delta t_{B\_NAV}) = \Delta t_{A\_NAV} - \Delta t_{B\_NAV}$$

2.4 北斗导航系统的时间体系

北斗导航系统时间称为 BDT,空间坐标系为 CGCS2000,与 ITRS 坐标系保持厘米误差内的区别。BDT 采用国际原子时秒长(SI)为基本单位;BDT 时间采用整周数(WN)和周内秒(SoW)来计算,周内秒为从 0 到 604799。BDT 时间无闰秒,时间历元为 2006 年 1 月 1 日(星期日),BDT 与 TAI 保持 33s 偏差,与 UTC 相差 2s。

BDT = TAI − 33s

BDT = UTC + 2s

当前,北斗时的性能如下:

频率精度: $< 2 \times 10^{-14}$

频率稳定度: $< 1 \times 10^{-14}/1$ 天

$< 6 \times 10^{-15}/5$ 天

$< 5 \times 10^{-15}/10$ 天

$< 6 \times 10^{-15}/30$ 天

时间偏差:$|BDT - UTC| < 100ns$ 模 1s

2.4.1　时间频率子系统

北斗导航系统包括空间段、控制段和应用段。空间段的每颗卫星上具有自己的时钟,卫星时钟由多个原子钟组成,其中包括瑞士 Spectra Time 公司产品和中国公司的铷原子钟产品。

控制段包括主控站(MCS),上行站(ULS)和监控站(MS)。主控站实现数据收集、数据处理和卫星控制。上行站有两个主要功能:卫星时钟同步和导航电文数据上传。主控站也有这些功能。监控站目前主要分布在中国境内,提供了轨道测量以及广域差分信息。伪距和载波差分信息实时传输给主控站。

北斗系统时间 BDT 采用组合时钟技术,由 MCS 站的时频子系统(Time and Frequency System,TFS)维持;TFS 主要由原子钟组(Clock Ensemble,CE)、内部测量单元(IME)、外部比较单元(OCE)、数据处理单元(DPE)和信号产生单元(SGE)等 5 部分组成,如图 2.5 所示。

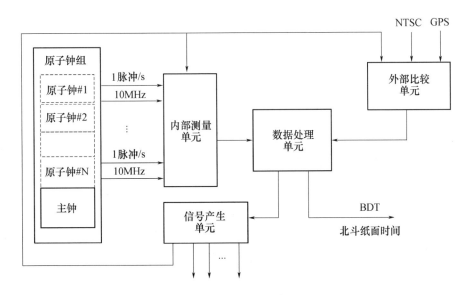

图 2.5　北斗 MCS 站的时频子系统

原子钟组 CE 提供时间频率信号。IME 提供了 CE 产生的原始时间频率信号的测量,并给出了钟差。外部比较单元 OCE 则提供了 BDT 相对于其他时间尺度,如 UTC 的偏差。数据处理单元 DPE 则基于 OCE 和 IME 的测量结果,根据给定的算法得到一个相关的时间尺度 BDT 作为整个导航系统的时间参考。信号产生单元 SGE 以 BDT 为依据对主钟 MC 进行调整,产生所有主控站 MCS 需要的实际物理时间频率信号。

BDT 的时间算法经过精心的设计形成一个良好的组合钟。频率偏移、漂移以及自由原子钟的不稳定均被考虑。钟的权值由阿伦方差来决定,为防止单一钟权值过大,最大权值被限定。为了与 UTC 保持同步,BDT 经过一段时间(超过 30 天)进行一次调整,但每次调整量不能超过 5×10^{-15}。

MCS 站的原子钟组包含多台铯钟和氢钟,部分采用了上海天文台制作的氢钟,图 2.6 显示了该氢钟的性能。

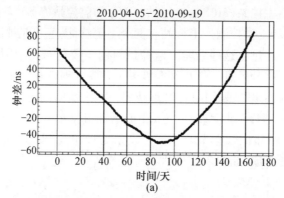

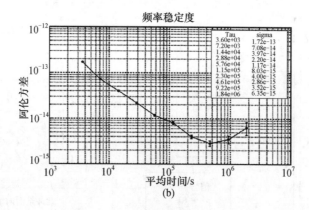

图 2.6　上海天文台氢原子钟性能

2.4.2　发播时间

目前北斗导航试验系统是目前我国唯一正式运行的卫星授时系统,本节主

28

要讨论北斗导航试验系统的发播时间。北斗导航试验系统的时间称为BDT1,其时间从2000年1月1日0时0分0秒开始,BDT1是由北斗导航试验系统地面运控系统主控站时频系统建立并保持的时间。北斗导航试验系统最初发播国家授时中心的时间UTC(NTSC),由于NTSC的时间源物理地点在陕西临潼,采用利用北斗授时设备进行时差测量,如图2.7所示。在NTSC所在地安装北斗授时设备,通过接收北斗卫星信号,恢复BDT1时间,将该时间与NTSC时间比对,比对结果通过北斗导航试验系统的通信链路传回北斗导航试验系统。由于远程恢复误差较大,选取量化门限为100ns。用户可以利用北斗导航试验系统的授时服务获取BDT1的时间,通过修正UTC标准时差可以获得标准时间UTC(NTSC)。由于NTSC建立了与UTC的TWSTFTF时间频率比对链,因此可以间接获得BDT与UTC的时间偏移。此外还可采用GPS共视法进行比对,图2.8(a)显示了采用GPS共视法获得的UTC(NTSC)与BDT1的时间差值,图2.8(b)显示了间接计算得到的UTC与BDT1的差值[3]。

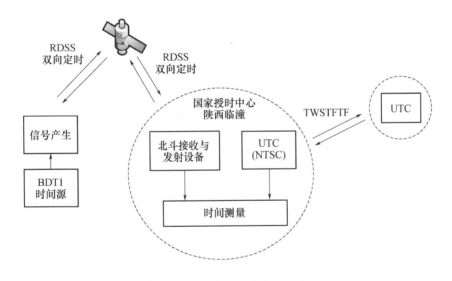

图2.7　BDT1与NTSC的时间比对

图2.9则显示了BDT与GPST的时间差[3]。

随着2010年建立了军用标准时间体系,北斗导航试验系统开始发播中国军用标准时间UTC(CMTC)。军用标准时间系统拥有多台原子钟组成的守时钟组,其准确度和稳定度达到国内领先水平。由于军用标准时间系统与北斗导航系统时间源物理地址接近,可以采用低损耗电缆直接进行信号比对,获得精确的时差结果,其进程如图2.10所示。由于BDT1与UTC(CMTC)的时差测量波动很小,因此选取量化门限为10ns。相比之前发播UTC(NTSC),用户获取的UTC时间消除了明显的阶跃突跳。

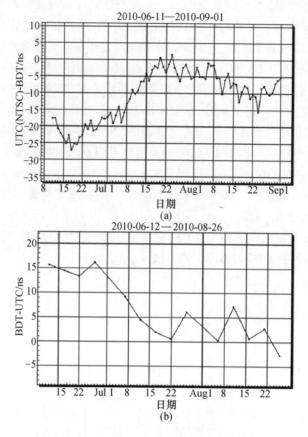

图 2.8　BDT 与 UTC 的时间比对

（a）采用 GPS 共视法得到的 BDT 与 UTC（NTSC）差值；（b）间接计算出 BDT 与 UTC 差值。

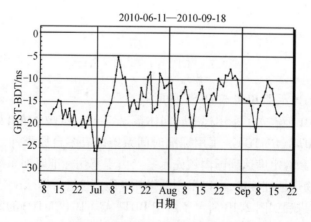

图 2.9　BDT 与 GPST 的时间比对

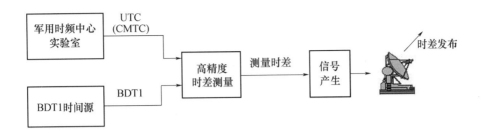

图 2.10　BDT1 与 CMTC 的时间比对

北斗导航系统的时间 BDT 是从 2006 年 1 月 1 日(星期日)开始。北斗管理部门有将 BDT1 和 BDT 统一的设想。

2.4.3　钟差预测

为了实现地面站的时间同步,MCS、ULS 和一些 MS 之间建立了高精度的 TWSTFT 时间频率次传输链。地面站的时间比较也可采用具有两通道的伪距接收机进行双向北斗卫星共视。

上行站除具有导航数据上行功能外,还具有卫星时钟的时间同步功能。主控制站也有这些功能。监控站在中国得到合理的分配,提供卫星轨道的测定和广域差分信息。伪距和载波相位的测量信息也实时发送给主控站。地面站的时间同步不确定度 < 2ns。为了保持 MS 之间导航卫星监测数据的相关性,所有卫星的钟差均被控制。

第二阶段的北斗导航卫星发射 3 种频率信号。GEO 卫星承担着一些特殊的功能,因此其载荷除了 B1/ B2/ B3 天线和激光反射器外,还有 RDSS 所需要的 L/S 波段天线,用于地面站双向时间传递 TWSFTF 同步的 C 波段天线。

由此可见,北斗 GEO 卫星与地面站之间具有双向时间传输链。每颗卫星能与地面上行站 ULS 进行距离测量。然后卫星与 BDT 的钟差可以精确的得到测量。卫星钟差的不确定度为 2 ns。此外,钟差也可通过卫星轨道的确定而获得。钟差必须与其他的保持一致。图 2.11(a)显示了采用双向时间频率传输得到的卫星时间与 BDT 的钟差[3],图 2.11(b)显示了移除平均频率漂移的结果[3]。

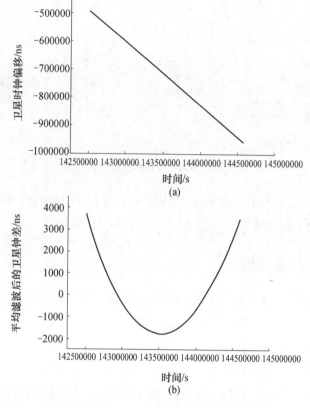

图 2.11　卫星与 BDT 的钟差

（a）双向时间频率传输得到的卫星时间与 BDT 的钟差；（b）移除平均频率漂移的结果。

2.5　全球定位系统

GPS 系统是美国从 20 世纪 70 年代开始研制,历时 20 年耗资 200 亿美元,于 1994 年 3 月完成其整体部署,实现其全天候、高精度和全球的覆盖能力。现在 GPS 与现代通信技术相结合使得测定地球表面三维坐标的方法从静态发展到动态,从数据后处理发展到实时的定位与导航,极大地扩展了它的应用广度和深度。

GPS 系统是由分布在 6 个轨道面上的 24 颗卫星组成的星座组成。星上装有 10^{-13} 高精确度的原子钟。地面上有一个主控站和多个监控站,定期地对星座的卫星进行精确的位置和时间测定,并向卫星发出星历信息。用户使用 GPS 接收机同时接收 4 颗以上卫星的信号,即可确定自身所在的经纬度、高度及精确时间。

GPS 系统时间 GPST 为连续的时间尺度,不采用闰秒制度,其溯源到美国海军天文台的协调世界时 UTC(USNO)。GPST 是一个"纸面上"的时间标度,它是基于各卫星上的原子钟和各个地面控制区段的钟的统计读数。要求 GPST 与 UTC(USNO)钟差 <1us(模 1s),实际上典型偏差 < 50ns(模 1s)。

GPST 从 1980 年开始启用与当时的 UTC 在整秒上一致之后,截至 2012 年 7 月,与 UTC 的差异为:

$$[UTC - GPS\ time] = -16s + C_0, [TAI - GPS\ time] = 19s + C_0$$

C_0 是 GPS 时间与 UTC 在秒小数上的差异。

GPST 的历元是通过 GPS 周数和周内秒来辨别,周内秒的计数从星期六/星期天的午夜起开始计数。GPS 的星期以 1980 年 1 月 6 日 0 时作为第 0 星期的开始。

2.5.1 GPS 的时频子系统

早期 GPS I 和 GPS II 采用多台铷钟和铯钟组成的原子钟组,1997 年发射的 GPS IIR 卫星其星载钟性能获得较大提升,这在很大程度上是因为 TKS(Time Keeping System)系统采用了 PerKin Elmer 公司产品。GPS 卫星及星载原子频标基本情况如表 2.2 所列。

表 2.2　GPS 卫星及星载原子频标基本情况表

卫星型号	原子频标	技术指标	数量	发射年限
BLOCK I	两台铯原子钟 两台铷原子钟	L1(CA)导航信号; L1&L2(P 码)导航信号; 设计寿命 5 年,消耗物资 7 年	11	1978—1985 验证系统
BLOCK II/ IIA	多台铯原子钟 和铷原子钟	标准服务: 1. 单一频率(L1); 2. C/A 码导航; 3. 精确服务; 4. 两种频率(L1&L2); 5. P(Y)码导航; 6. 设计寿命 7.5 年,消耗物资 10 年	28	1989—1997 提供基本导航 服务
BLOCK IIR 补充卫星	3 个下一代的铷原子频标(RAFS),大大加强了物理封装,提高了稳定性和可靠性	设计寿命 7.5 年,消耗物资 10 年,将一个备用的压控晶体振荡器(VCXO)和软件功能结合到时间保持系统(TKS)中。TKS 环路具有时间调谐能力,以稳定和控制卫星性能	13(12)	1997—2004 提供基本导航 服务
BLOCK IIR – M 现代化的 补充卫星	同上	第二代民用信号(L2C); L1/L2 频段地球覆盖 M 码; L5 码验证; 抗干扰能力; 设计寿命 7.5 年,消耗物资 10 年	8	2005—2009

（续）

卫星型号	原子频标	技 术 指 标	数量	发射年限
BLOCK II F 后续的维持卫星	采用 PE 公司生产的 Rb Time Standard（RTS），此外还增加一个 Cesium Time Standard（CTS）	第三代民用信号（L5）； 可重复编程的导航处理器； 提高精度； 设计寿命 12 年	12	2010—2014
BLOCK III	未知	IIIA； 增强精度； 增强地球覆盖能力； 15 年设计寿命； 第四代民用信号； IIIB； 实时通信； IIIC； 导航自主完好性； Spot Beam for AJ； 设计寿命 15 年	32	2014—2024

GPS IIR 包括了一个 10.23MHz 晶振锁相到 RAFS（Rubidium Atomic Frequency System），系统的振荡器提供小于 5min 的短期稳定度，铷钟提供了大于 5min 的长期稳定度。系统的振荡器同时为伪码发生器和载波频率综合提供信号，因此铷钟的长期稳定性决定了 GPS IIR 导航信号和导航性能。特别的是，RAFS 的天稳是一个相当重要的性能，由于每颗卫星的广播信息 24h 更新一次，广播信息包含了 GPS 主钟发来的预测卫星钟差（相位、频率和频率漂移）。

测试表明，GPS IIR 的 RAFS 天稳的哈德曼方差为 2×10^{-14}。图 2.12 显示了 GPSIIR 的铷钟比 IIA 的铷钟和铯钟更稳定[12]。

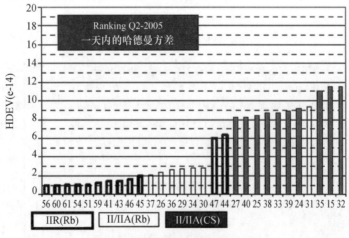

图 2.12　GPS 星载原子钟性能对比

2010 年 5 月发射的 BLOCK IIF 采用了增强型铷原子频标 RFS – IIF，是 Per-kin-Elmer 铷钟的升级版本。通过采用氙气缓冲气体，在改进物理封装里的一种用于 Rb – D 特殊线的细膜滤波器，使得在 100S ±1 天范围内白噪声的幅度降低了一半。

2.5.2 卫星时钟调整

卫星时钟与 GPS 时间保持在 ±976.53μs，确保频率漂移在 ±4×10⁻¹² 范围内。频率调整在卫星健康时进行，避免对用户造成不良影响；保持频率漂移低有助于确保相位漂移在 ±976.53μs 内。

图 2.13 显示了频率漂移的情况[12]；图 2.14 显示了相位漂移的情况[12]。

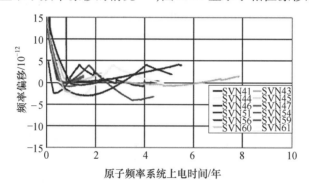

图 2.13　GPS BLOCK IIR 频率漂移

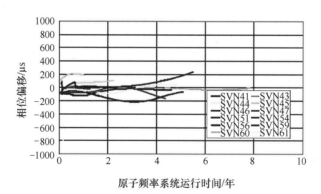

图 2.14　GPS BLOCK IIR 相位漂移

2.6　中国区域定位系统

CAPS 系统采用通信卫星转发地面生成的导航信号，从而把通信卫星用作导航星来为用户提供位置、速度和时间服务。利用丰富的 GEO 卫星转发器资源以降低系统成本,由于通信卫星载波存在一定频率漂移,在主控站实施了闭环载波频率测量和随动控制技术,采用虚拟原子钟降低通信卫星转发时延不确定的问题。目前 CAPS 系统采用高程作为虚拟星座辅助定位,CAPS 的导航信号中包含了高程计算的辅助信息,包括基准点的气压和温度信息。CAPS 目前是一个科学试验系统,其终端产品的应用处于推广阶段。

CAPS 系统的导航信号由地面生成,地面的导航信号发射时间以地面原子钟信号作为参考,将导航电文产生的时间上延迟至卫星转发器出口,并在 CAPS 导航电文中发送时间改正参数,称为"虚拟卫星原子钟"。

CAPS 系统的时间简写为 CAPST。国家授时中心(NTSC)的主钟输出的秒脉冲送到 CAPS 导航信号生成与发送系统,可获得 CAPST 的 1 脉冲/s 与 NTSC 的 1 脉冲/s 的差值,因此 CAPST 溯源到 UTC(NTSC)。

CAPS 导航电文中的时间信息为从 2003 年 12 月 27 日 0 时开始的天数和从当前午夜开始的整 30 秒数。

2.7　Galileo 系统

欧洲的 Galileo 卫星导航系统计划受到了全世界的关注。尽管遇到了许多障碍,Galileo 系统最终还是得以实施。2002 年 3 月 26 日,欧盟 15 国交通部长会议一致决定正式启动"Galileo 导航卫星系统计划"。Galileo 计划的发展对世界卫星导航技术、市场,甚至世界政治格局都将产生深远的影响。

Galileo 卫星导航系统由 30 颗中高度圆轨道卫星组成,27 颗为工作卫星,3 颗为候补;轨道高度为 24126km,位于 3 个倾角为 56°的轨道平面内。

Galileo 卫星的时频子系统由以下单元构成:2 个被动型氢原子钟(由瑞士 Spectratime 公司提供),2 个铷原子钟,1 个内部时钟监测和控制单元。

Galileo 卫星导航系统的时间参考系统(GST)可能参考 GPS 的做法,即也采用与 TAI 在整数秒上相差 19s。GST 将被调制到一种时间预报上,这一预报通过 Galileo 时间供应商从欧洲的几个主要守时实验获得。Galileo 系统时间溯源如图 2.15 所示。

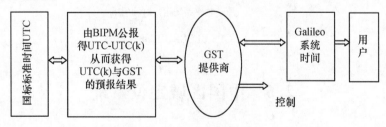

图 2.15　Galileo 系统时间溯源

GPS 的统一管理以及与国家标准时间的协调和统一使该系统更有效率,因此也是当今全球最成功的卫星导航定位系统。建设中的 Galileo 系统时间参考拟采用欧洲几个最重要的授时实验室(德国的 PTB、意大利的 INRIM 等)来共同完成,其优点是提高了系统可靠性,但工作效率有待验证。

2.8 GLONASS 系统

GLONASS 卫星上都装备有着稳定度的铯原子钟,并接收地面控制站的导航信息和控制指令,星载计算机对其中的导航信息进行处理,生成导航电文向用户广播,控制信息用于控制卫星在空间的运行。

俄罗斯的 GLONASS 时间采用 UTC 作为时间参考,其溯源到 UTC(SU),当前,GLONASS time 与 TAI 及 UTC 的关系为:

$$[\,UTC - GLONASS\ time\,] = 0s + C_1,$$
$$[\,TAI - GLONASS\ time\,] = 35s + C_1。$$

其中:C_1 是 GLONASS 时间与 UTC 在秒小数上的差异。

参 考 文 献

[1] 王淑芳,王礼亮. 卫星导航定位系统时间同步技术[J]. 全球定位系统,2005,30(2):10 – 14.

[2] 张越,高小珣. GPS 共视法定时参数的研究[J]. 计量学报,2004,2:167 – 170.

[3] Han Chunhao Han, Yuanxi Yang, Zhiwu Cai. BeiDou Navigation Satellite System and its time scales[J]. Metrologia,2011,48:213 – 218.

[4] 徐金锋,常守峰,李大勇. 北斗导航试验系统发播 UTC(CMTC)对用户的影响分析[C]. 2011 年全国时间频率学术会议论文集. 北京.

[5] 徐金锋,刘阳琦,李硕. 北斗导航试验系统时间向 UTC(CMTC)溯源技术研究[C]. 2011 年全国时间频率学术会议论文集. 北京.

[6] Seeber G. Satellite Geodesy[M]. Berlin,German:Walter de Gruyter,1993.

[7] Riley W J. Rubidium Atomic Frequency Standards for GPS Block IIR[M]. ION – GPS – 92, Albuquerque, NM, September 1992.

[8] Marquis W. Increased Navigation Performance from GPS Block IIR[M]. NAVIGATION:Journal of the Institute of Navigation,2004,50.

[9] Hartman T,et al. Modernizing the GPS Block IIR Spacecraft[M]. ION – GPS – 2000, Salt Lake City, UT, September 2000.

[10] Brown K. The Theory of the GPS Composite Clock[M]. Proc. Of ION GPS – 91, Institute of Navigation, Washington,D. C. ,1991.

[11] Senior K,et al. Developing an IGS Time Scale[M]. IEEE Trans. On UFFC, June 2003.

[12] Dass T,Freed G,Petzinger J,et al. GPS Clocks in Space:Current Performance and Plans for the Future [C]. Proceedings 34th Precise Time and Time Interval (PTTI) Meeting,2002:175 – 192.

[13] 谭述森. 导航卫星双向伪距时间同步[J]. 中国工程科学,2006,8(12):70 - 74.

[14] 帅平. 导航星座自主导航的时间同步技术[J]. 宇航学报,2005,26(6):768 - 772.

[15] 艾国祥,施浒立,吴海涛,等. 基于通信卫星的定位系统原理[J]. 中国科学,2008,38(12):1615 - 1633.

第 3 章   卫星授时原理

授时技术在军事、科技和经济生活等领域中都有广泛应用。该技术主要完成两方面的工作:第一,精确确定用户时钟相对于标准时间的偏差;第二,在两个或两个以上的不同地点实现时钟同步(称时钟或时间比对)。

协调世界时 UTC 为全世界用户提供了一个时间同步基准。卫星导航系统都有自己的系统时间,该时间均与 UTC 时间进行比对,卫星导航系统的时间与 UTC 时间的差值一般保持在一定范围内。如北斗时 BDT 与 UTC 的钟差保持在 100ns 以内(模 1s)。导航电文中发布本系统时间与 UTC 时间的差值,因此用户通过接收导航卫星信号,恢复出导航系统时间,就可以恢复出 UTC 时间。事实上,卫星导航系统已成为 UTC 时间的主要传播手段。

卫星授时就是利用卫星作为时间基准源或转发中介,通过接收卫星信号和进行时延补偿的方法,在本地恢复出原始时间的这一过程。根据工作原理,卫星授时分为 RNSS 授时和 RDSS 授时两种方式。

卫星如载有高精度时间源,其导航信号根据该时间源产生,用户通过接收多颗卫星信号实现伪距测量及定位解算,从而实现自身的时间同步,这种定位或授时方式称为 RNSS 定位或授时,如 GPS、Galileo 和目前正在建设的北斗卫星导航系统;RNSS 授时又分为定位定时和位置保持定时两种方式,定位定时是指用户实现定位解算时实现时间同步;位置保持定时是指用户在位置不变情况下,只需接收到 1 至 2 颗卫星即可实现维持给定精度的定时。

如卫星本身没有高精度时间源,通过接收地面站的信号再进行延时确定的转发,该过程称为 RDSS 授时或转发式授时,如 CAPS、北斗卫星导航实验系统等。

RDSS 授时有两种方式:一种为双向授时,在该种方式中,用户需向卫星发送请求,再接收卫星应答信息;另一种为单向授时,用户仅接收卫星下行信号,这种方式适于低动态用户。单向授时模式下,用户需要获得自身的精确位置。目前常用的有两种方法:一种为利用 GPS 辅助定位,将定位结果进行坐标转换后输入接收机;另一种方法为利用高程辅助定位,由于目前已有三颗 RDSS 卫星,将高程作为虚拟的第四颗星,则通过解定位方程可实现定位。

在 RDSS 授时中,由于 RDSS 导航电文中包含的为一分钟更新一次的卫星位置,因此卫星位置的计算一般通过插补拟合的方式获得。

3.1 卫星导航信号的时频特性

3.1.1 导航信号产生过程及同步控制

目前卫星导航系统大多采用直接序列扩频调制,如北斗、CAPS、GPS 和 Galileo。以 GPS 卫星信号产生过程为例,真实的 GPS 卫星射频信号产生流程如图3.1 所示。伪码发生器产生 1.023MHz 的 C/A 伪随机码,GPS 的导航电文速率为 50b/s,导航电文首先与该 C/A 码叠加,这样产生了 C/A 码基带信号;导航电文也同时与 P/Y 码叠加,产生 P/Y 码基带信号;两组数字基带信号分别被 BPSK 调制到 1575.42MHz 后,再叠加通过天线发射。

GPS 卫星时频子系统产生基准频率 $f_0 = 10.22999999543$MHz 和 154 倍基准频率,这两者在相位上是完全同步的。时频子系统产生的其他频率信号也都基于同样的振荡源,这样可确保所有频率信号的稳定性和同步关系。由于相对论效应,基准频率 f_0 相对地面为 10.23MHz。同时,通过与地面系统的时间同步,时频子系统还产生本地秒脉冲,为卫星信号发生提供初始相位。频率和秒脉冲信号同时送给码发生器和 BPSK 调制器。

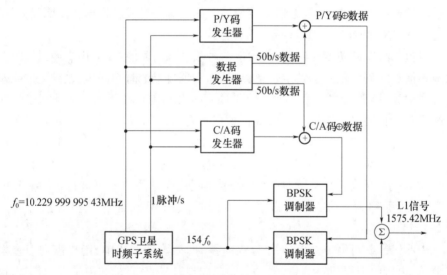

图 3.1　GPS 信号调制过程

3.1.2 导航电文中的时间信息

卫星导航电文中通常携带相关时间信息,这些信息通常包括整周数、周内秒计数、卫星钟差以及与其他标准时间的偏差。以 GPS 为例,导航电文在 5 个300bit 的子帧中发射,每个子帧包括 10 个 30bit 的字;导航电文中每个字最后 6

40

个 bit 用于奇偶校验。5 个子帧依次循环发播,其中第 4、5 子帧包含 25 页,第一次循环发播发送第一页,下次发送第二页,按此顺序每个页面依次发播。

GPS 导航电文结构如图 3.2 所示,每一子帧的第一个字为遥测字(TLM),遥测字包括一个固定报头,该报头为 8 位同步码,是一个永不改变的 8bit: 10001011。同步码用来辅助接收机找到每一帧的起始位置,同步码严格与 GPS 系统整秒同步。每一个子帧的长度为 6s,因此同步码与 GPS 系统的整 6s 同步。

子帧1	遥测字 TLM	交接字 HOW	GPS星期数,卫星精度和健康数据,时钟校正项

子帧2	遥测字 TLM	交接字 HOW	本卫星的星历参数

子帧3	遥测字 TLM	交接字 HOW	本卫星的星历参数

子帧4 1~25页	遥测字 TLM	交接字 HOW	第25~32颗卫星的星历和健康数据,特殊电文, 卫星配置标志、电离层和UTC数据

子帧5 1~25页	遥测字 TLM	交接字 HOW	第1~24颗卫星的星历和健康数据,特殊电文, 卫星配置标志、电离层和UTC数据

图 3.2　GPS 导航电文结构

导航电文中包含与时间相关的数据有:

1. GPS 周计数

GPS 周计数(Week Number, WN)的起点为 1980 年 1 月 6 日 0 时 0 分 0 秒,周计数长度为 10 位,范围为 0~1023。

2. 周内时间计数

周内时间计数(Time of week, TOW)的起点为上星期日的零点,计数间隔为 1.5s,计数量程为 0~403200。TOW 有助于 P 码捕获,因为 P 码在周日零点处于初始状态。

3. 本卫星钟差修正数据

本地钟差数据包括:时钟数据基准时间 t_{OC},二次项模型的钟差参数 a_{f0},a_{f1},a_{f2},依据这些数据计算出除相对论效应外的卫星钟差:

$$\Delta t = a_{f0} + a_{f1}(t - t_{OC}) + a_{f2}(t - t_{OC})^2$$

41

4. GPST 与 UTC 的时间偏差

GPS 导航电文中包括了 GPST 和 UTC 之间的时间偏差,通过获得这些参数,用户在恢复 GPST 时间后,就可计算出 UTC 时间。

5. GPST 与其他导航系统时间偏差

GPS 部分卫星的导航电文发播 GPST 与 Galileo、GLONASS 系统的时间偏差,提供了多系统的互操作能力。用户可据此计算出其他导航系统的时间。

3.2 RDSS 与 RNSS

目前利用卫星无线电信号实现用户位置确定主要有两种方法。一种称为卫星无线电测定业务(Radio-Determination Satellite Service,RDSS),其特点是由用户以外的控制系统完成用户定位所需的无线电参数的确定与位置计算;另一种称为卫星无线电导航业务(Radio Navigation Satellite System,RNSS),其特点是用户通过接收多颗卫星信号实现测距,通过自身解定位方程实现位置确定。RNSS 服务中,用户自身实现定位解算,不占用卫星及地面控制系统的信道与计算资源,因此用户服务数量没有限制。由于本地实现定位解算,定位频度高,可完整确定用户位置矢量(绝对位置、速度、时间)。

我国目前正式运营的北斗卫星导航试验系统提供 RDSS 业务,处于试运行阶段的北斗卫星导航系统提供 RDSS 和 RNSS 业务。其他的卫星导航系统如 GPS、GLONASS、Galileo 系统均仅提供 RNSS 业务。RDSS 和 RNSS 性能比较如表 3.1 所列。

表 3.1 RDSS 和 RNSS 性能比较

性 能	RDSS	RNSS
原理	由用户以外的控制系统完成位置解算,并将定位结果发给用户,定位占用系统资源	用户自行测定伪距,自主实现定位解算、速度测量;定位过程不占用系统资源
星座	一般为地球静止轨道(GEO)卫星	地球静止轨道(GEO)卫星;中圆轨道卫星(MEO);地球倾斜同步轨道(IGSO)卫星
卫星功能	完成信号转发功能,无星载原子钟	自主实现信号生成与发射,有高精度星载原子钟
系统时间	完全由地面控制系统产生	星上自主产生时间,测控站与星间链路对卫星钟差进行测量
用户数量	双向 RDSS 受限,单向 RDSS 授时不受限	不受限
定位是否需要向卫星发射信号	需要	不需要
用户动态	低动态用户	低、中、高动态用户
应用	定位和通信,可用于低动态用户定位和位置报告;指挥系统通信,灾难救援	各种用户的定位,移动载体导航,武器制导

由于 RDSS 将定位、授时、通信融为一体,可根据不同场合需求组建相应的应用系统。可以实现单一用户的定位、定时和通信,也可实现相互之间的位置报告。RDSS 用户机可分为无源授时型、单址型用户机和多址型用户机。

1. 无源授时型

RDSS 用户机一般需要与地面站通信,需要一个唯一的自身标识码,因此需要得到 RDSS 管理部门的授权,因此一般每年要上交一定的管理费用。而无源授时型用户机一般用于固定点位置的授时,其不需要与地面站通信,因此无需得到 RDSS 管理部门的授权,也无需上交管理费用,其用户数量不受限。无源授时型用户机采用人工设置的方法获得自身精确坐标,根据接收到的卫星信号,计算出延迟,通过修正得到精确的时间。由于 GPS 终端价格低、应用广,位置的获得可以采用 GPS 辅助定位法,但由于 GPS 定位结果为 WGS - 84 坐标系,与北斗坐标系存在偏差,因此在精确授时场合需要将 GPS 定位结果进行转换。此外由于目前已有 3 颗 GEO 卫星,如果用户机能获得自身高程,也可实现类似于 RNSS 的定位解算,实行授时。

2. 单址型用户机

单址型用户机具有唯一的接收地址码,只能接收与其地址码相匹配的信息,其基本功能如下:可接收多颗卫星、多个波束发送的出站询问信号;解调给定地址信息,完成短报文接收及处理;按入站信号格式发送包含自身地址的信息。

3. 多址型用户机

多址型用户机又称指挥型用户机,其具有多个接收地址码,可接收含有这些地址码的所有信息。多址型用户机一般管理多个单址型用户机,当这些单址型用户机定位和通信时,多址型用户机也能收到单址型用户机的定位和通信信息。这样多址型用户机和其下属的单址型用户机非常容易构建一个指挥调度群,可适用于渔船、车队、警务的指挥调度。

3.3　RNSS 授时

以 GPS 为例阐述 RNSS 授时。GPS 系统向全球范围内提供定时和定位的功能,全球任何地点的 GPS 用户通过低成本的 GPS 接收机接受卫星发出的信号,获取准确的空间位置信息、同步时标及标准时间。

GPS 卫星上具有由原子钟组成的时频子系统,产生卫星本地时间和物理上的时频基准,导航信号以该时频基准为基础进行发播。卫星本地时间与 GPS 系统时间之差被准确测得,以钟差参数包含在导航电文中发布。卫星本地时间与系统时间差值保持在限定范围内。

GPS 卫星信号采用直接序列扩频调制,扩频码也称测距码,是一种伪随机的噪声码。每颗 GPS 卫星广播两种码,一种为短的粗捕码(C/A 码);另一种为长的精密码(P 码)。用户通过本地复现伪随机码测量用户与卫星之间的距离,由于用户本地时间一般与卫星不同步,因此测得的距离称为伪距。

3.3.1 时延计算及修正流程

RNSS 授时原理如图 3.3 所示,导航卫星信号经天线接收,下变频和 A/D 采样后得到数字基带信号;本地接收机的码发生器产生与卫星 C/A 码一致的码片,对数字基带信号进行相关处理。当捕获和跟踪实现后,本地将产生相关峰值脉冲。设检测到子帧 1 的遥测字 TLW 的同步码时刻为 t_{acq}。假设天线及射频通道延迟固定,由于接收机的流水作业处理流程,t_{acq} 时刻与含同步码卫星信号进入天线时刻 t_{ant} 之间的延迟是固定的。

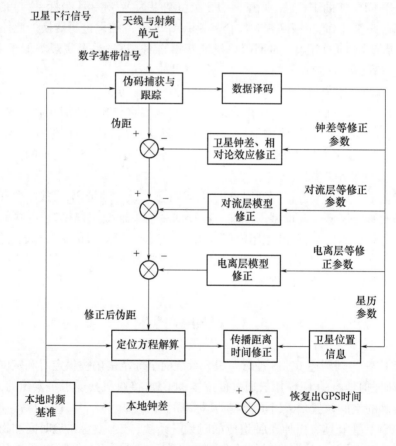

图 3.3 时延计算与修正流程图

信号捕获成功后,经译码等数据处理,获得电文信号;利用获得的钟差等参数进行钟差、相对论效应修正;利用获取的对流层修正参数进行对流层效应修正;利用获取的电离层参数进行电离层效应修正。最终得到修正后的伪距。

44

接收机可同时接收多颗卫星信号,得到多个修正后的伪距,建立定位方程。对定位方程进行求解可获得自身位置,同时定位方程还可解算出本地钟差。由于导航电文中具有星历参数,可计算出卫星位置,因此可获得卫星与接收机的精确距离,进而计算出信号传播距离的时间修正值,对本地时间进行修正,即可恢复出 GPS 系统时。

3.3.2 定位解算

用户要实时完成定位和授时功能,需要得到 4 个参数:用户的三维坐标和用户时钟与 GPS 主钟标准时间的时刻偏差。所以需要测量 4 颗卫星的伪距。

设 (x_u, y_u, z_u) 为接收机的位置,(x_n, y_n, z_n)($n = 1, 2, \cdots$)为已知卫星的位置,ρ_n 为测得第 n 颗卫星伪距,Δt_n 为用户与卫星的钟差,则当测得 4 颗卫星伪距时,下列方程即可求解。

$$\begin{cases} \rho_1 = \sqrt{(x_1 - x_u)^2 + (y_1 - y_u)^2 + (z_1 - z_u)^2} - c \cdot \Delta t_u \\ \rho_2 = \sqrt{(x_2 - x_u)^2 + (y_2 - y_u)^2 + (z_2 - z_u)^2} - c \cdot \Delta t_u \\ \rho_3 = \sqrt{(x_3 - x_u)^2 + (y_3 - y_u)^2 + (z_3 - z_u)^2} - c \cdot \Delta t_u \\ \rho_4 = \sqrt{(x_4 - x_u)^2 + (y_4 - y_u)^2 + (z_4 - z_u)^2} - c \cdot \Delta t_u \end{cases} \quad (3.1)$$

设 GPS 系统时为 t_E,用户时为 t_{rcv},则

钟差为
$$\Delta t_u = t_{rcv} - t_E \quad (3.2)$$

用户将计算得到的钟差对本地时钟进行修正,即可得到 GPS 系统时。

若用户已知自己的确切位置,则有:

$$\Delta t_u = \left(\sqrt{(x_1 - x_u)^2 + (y_1 - y_u)^2 + (z_1 - z_u)^2} - \rho \right) \Big/ c \quad (3.3)$$

那么理论上接收 1 颗卫星的数据即可计算出 Δt_u,得到 GPS 系统时。

3.4 RDSS 授时

北斗导航试验系统提供 RDSS 服务,具有定位、通信、单向和双向授时功能。北斗导航试验系统的导航卫星为地球同步轨道卫星,常称为 GEO 卫星,以下用 GEO 卫星表述。

3.4.1 单向授时

北斗卫星导航实验系统具有 RDSS 单向授时的功能,其授时原理如图 3.4 所示。北斗地面主控站将广播信号发送至卫星,卫星接收后将信息转发至接收机。

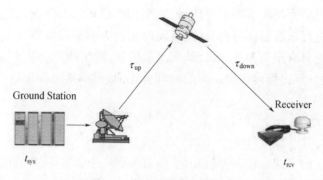

図 3.4 RDSS 単向授時原理

接收机的单向定时就是接收机通过接收导航电文及相关信息,由用户自主计算出钟差,并修正本地时间,使本地时间与卫星系统时间同步。其定时时序如图 3.5 所示,图中 t_{sys} 为卫星信号发送时刻,t_{rcv} 为接收机信号接收时刻。对于接收机而言,t_{rcv1} 已知,如果能够计算出信号总延时 τ_{delay},即可在接收机中得到 t_{sys},从而恢复出系统时间,实现时间同步。由图 3.5 可见:

$$\tau_{delay} = \tau_{up} + \tau_{down} + \tau_{other} \tag{3.4}$$

τ_{up}:信号从地面站至卫星的延时,通常可在导航电文中得到;

τ_{down}:信号从卫星至接收机的延时,设卫星位置(X_{SV}, Y_{SV}, Z_{SV}),用户位置(X_u, Y_u, Z_u),则 $\tau_{down} = \sqrt{(X_u - X_{SV})^2 + (Y_u - Y_{SV})^2 + (Z_u - Z_{SV})^2}/c$ (3.5)

τ_{other}:其他延时;$\tau_{other} = \varepsilon + a_0 + t_0$,其中 ε 为传播的时延修正,可通过导航电文中电波传播修正模型参数进行计算;a_0 为设备转发单向时延之和;t_b 为接收机的单向时延。

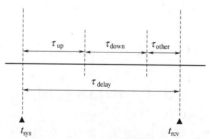

图 3.5 RDSS 单向授时时序

用户利用 RDSS 单向授时必须事先获得自身位置,以便计算信号传输时延。在早期的系统中,常利用 GPS 实现定位,再利用 RDSS 进行授时。在这种应用中,用户的位置通常是固定不变的,而电信、电力等分布式系统具有成千上万个固定网点,由于北斗试验系统卫星为地球同步轨道卫星,运动速度慢,24 小时可见,适合高精度授时。因此 RDSS 单向授时非常适用于这种固定点位置的时间同步。

在 RDSS 单向授时模式下,一般而言,观测到一颗卫星即可实现精确的时间同步;由于 GEO 导航卫星每隔一段时间需要调整轨道,在轨道机动期间卫星位置计算将存在较大误差,可能导致 μs 级定时误差出现。如果能同时观测多颗卫星,并与多颗卫星实现同步,则将有效提高授时的可靠性。

RDSS 的地面主控站的出站信号由 I 支路和 Q 支路数据构成,其中 I 支路用于传输广播电文,包括定位、通信、标校及其他公用信息。广播电文由一个超帧组成,每一超帧传递时间为 1min。GEO 卫星的位置也在该超帧中广播,因此卫星位置信息每分钟更新一次。为了满足实时输出精确时间的需求,参考文献[1]提出对卫星位置采用线性插值的方法,建立卫星位置的预测模型,实现每秒确定一次卫星位置,提高了连续输出秒脉冲的精度。

3.4.2 双向授时

北斗卫星导航试验系统支持双向授时模式,该种模式下用户接收机需向卫星发送信息,故也称为有源授时模式,其原理如图 3.6 所示。其过程描述如下:

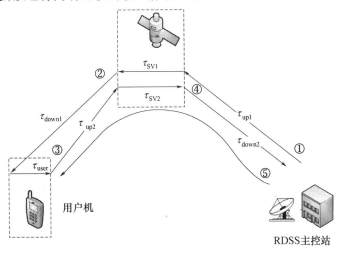

图 3.6 RDSS 双向授时时序

① RDSS 地面主控站在 t_0 时刻发送某帧信号,对应时标为 st_0,该时标信号经过上行延迟 τ_{up1} 到达卫星。

② 卫星接收到该信号后,改用下行频率将信号发出,卫星产生的延迟计为 τ_{SV1};信号经过下行延迟 τ_{down1} 到达用户机。

③ 用户机接收到该信号后,得到本地时标 st_1;改用上行频率将信号发出,用户机产生的延迟计为 τ_{user};信号经过上行延迟 τ_{up2} 到达卫星。

④ 卫星接收到该信号后,改用下行频率将信号发出,卫星产生的延迟计为

τ_{SV2};信号经过下行延迟 τ_{down2} 到达主控站。

⑤ 主控站测得信号发射和接收的总时延 τ_{total},将之除 2,获得单向传播时延 τ_{oneway},再将这个时延通过卫星转发给用户机。

RDSS 主控站可测得总时延:

$$\tau_{total} = \tau_{up1} + \tau_{SV1} + \tau_{down1} + \tau_{user} + \tau_{up1} + \tau_{SV2} + \tau_{down2}$$

其中:τ_{SV1},τ_{SV2} 相等且已知,τ_{user} 由用户机发给主控站,也是已知的。由于上行和下行频率不同,电离层延迟效应不同,因此 $\tau_{up2} \neq \tau_{down1}$,$\tau_{up1} \neq \tau_{down2}$。由于信号来回均有一次上行和下行,频率不等导致的误差会部分得到抵消,因此可近似认为:$\tau_{up2} + \tau_{SV2} + \tau_{down2} = \tau_{up1} + \tau_{SV1} + \tau_{down1}$。

τ_{user} 中包含了用户机的接收与发射延时,如果接收与发射延时相等,那么可以认为信号从主控站到用户机的单向延时为:

$$\tau_{oneway} = \tau_{total}/2$$

主控站计算出这个单向延迟 τ_{oneway} 后,把这个延迟发送给用户机。用户机对时标 st_1 进行修正,得到近似于原始时标 t_0。

由双向法授时原理可见,由 RDSS 主控站实现了单向时延的测量,因此授时精度较高,一般为 20 ns。与单向授时相同,在该种授时方式下,对用户机设计提出的要求是具有稳定的通道时延,即要求接收的出站信号从接收机天线相位中心到中频量化之前所经历的时延、发射的入站信号从 D/A 转换器到发射机天线相位中心所经历的时延都尽可能的稳定。

双向授时中由于卫星要处理来自用户接收机信息,因此并行用户容量受到卫星处理能力的限制。

3.4.3 利用高程作为虚拟星座的单向授时

目前北斗导航试验系统具有 3 颗 GEO 导航卫星,CAPS 系统租用了 4 颗转发式卫星,由于 GEO 卫星均位于赤道附近,定位几何因子很差。有学者提出利用地球作为第四颗星,高程作为虚拟星座,将极大改善定位几何因子。

高程的获得常采用气压测高的方法,CAPS 的导航信号中包含了高程计算的辅助信息,包括基准点的气压和温度信息,有利于提高高程计算的准确性。

GEO 卫星导航系统的无源定位方法已有多位学者进行研究。利用高程进行辅助定位的定位方程如下:

$$
\begin{cases}
\rho_1 = \sqrt{(x_1 - x_u)^2 + (y_1 - y_u)^2 + (z_1 - z_u)^2} - c \cdot \Delta t_u \\
\rho_2 = \sqrt{(x_2 - x_u)^2 + (y_2 - y_u)^2 + (z_2 - z_u)^2} - c \cdot \Delta t_u \\
\rho_3 = \sqrt{(x_3 - x_u)^2 + (y_3 - y_u)^2 + (z_3 - z_u)^2} - c \cdot \Delta t_u \\
\dfrac{x_u^2}{(h+a)^2} + \dfrac{y_u^2}{(h+a)^2} + \dfrac{z_u^2}{(h+b)^2} = 1
\end{cases}
\tag{3.6}
$$

其中:ρ_1,ρ_2,ρ_3 为伪距,a 和 b 分别表示地球的长轴和短轴,h 表示用户高程;(x_u,y_u,z_u) 表示用户坐标;$(x_i,y_i,z_i)(i=1,2,3)$ 表示卫星坐标。该式的解算常采用牛顿迭代法。

有学者提出采用高程作为虚拟星座,也有采用 1 颗 IGSO 结合 3 颗 GEO,还有利用退役 GEO 卫星南北方向的漂移改善 PDOP 因子。利用高程作为虚拟星座具有显著改善 PDOP 因子,提高定位精度的作用。

图 3.7 为采用高程与 4 颗 CAPS GEO 卫星定位时的 PDOP 等值区分布,该图来自参考文献[3]。由图可见,PDOP 因子随着纬度的降低而逐渐增大。由于我国领土主要位于亚热带地区,可以实现定位。根据参考文献[14],采用高程约束的 CAPS 接收机,采用粗码可以达到的定位精度为 20m,可以实现 100 ns 级的授时精度。

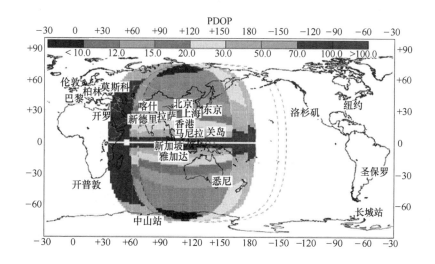

图 3.7 采用高程和 4 颗 GEO 卫星组成 CAPS 验证星座时的 PDOP 等值分布图

3.4.4 GPS 辅助 RDSS 单向授时

在早期北斗导航试验系统定时应用中,由于导航卫星为静止轨道卫星,卫星运动速度慢,漂移范围小,有利于卫星接收机的开发,特别有利于在授时上的利用。单向授时由于用户数量不限在固定点位置授时领域获得广泛应用。由于单向授时必须得到用户机的位置坐标,以便进行卫星和用户机之间传输距离的计算。通常采用 GPS 辅助定位的方法,在该种方法里,利用 GPS 为北斗授时接收机提供位置信息,从而实现固定位置的精确授时。GPS 辅助 RDSS 单向授时原理图如图 3.8 所示。

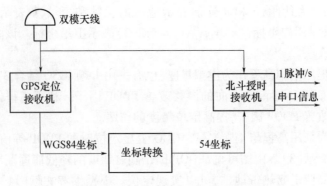

图 3.8　GPS 辅助 RDSS 单向授时原理图

在 GPS 辅助 RDSS 单向授时应用中,常采用 GPS/北斗双模天线。RDSS/GPS 双模天线结构如图 3.9 所示,其本质上是两个天线,包含了两个天线头;其中 GPS 天线包含了两级放大和滤波;由于 RDSS 信号较 GPS 信号微弱,北斗天线则又增加了一级放大。两个封装在一个外壳内,其输出合路,通过一根同轴电缆输出。由于要将 GPS 定位结果为北斗定时使用,在双模天线里北斗、GPS 天线头距离接近,这种方式减少了位置误差;在固定点位置应用中,天线一般装在室外,通过馈线将信号引入室内,双模天线可有效减少馈线数量,简化了安装。

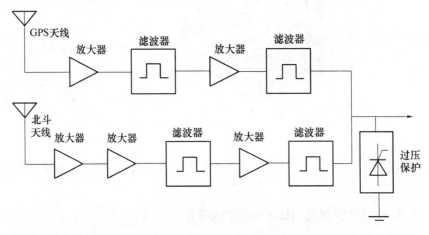

图 3.9　RDSS/GPS 双模天线

3.4.5　坐标转换

为了求得卫星信号到用户的传播时延,必须首先知道每个时刻用户的具体位置。在固定点位置定时应用中,由于用户的位置不再发生改变,可以看作常值。对于非定位型接收机来说,用户的位置坐标需人为地进行设置。通常用户的位置是通过借助于 GPS 来确定的。我们得到的坐标为 WGS－84 地心坐标系下的坐标,而早期 RDSS 卫星坐标系采用的是 BJ－54 坐标系,两类坐标不但坐标原点不一致,而且各坐标轴之间相互不平行,所以在求解用户和卫星的距离的时候,必须进行坐标转换。

坐标系指的是描述空间位置的表达形式,即采用什么方法来表示空间位置。人们为了描述空间位置,采用了多种方法,从而也产生了不同的坐标系。

目前测绘使用的坐标系主要有参心坐标系和地心坐标系。参心坐标系与参考椭球的中心有密切关系。由于参考椭球中心一般与地球质心不一致,故又称为非地心坐标系、局部坐标系或相对坐标系。

地心坐标系是以地球质心为坐标原点的坐标系。自 20 世纪 70 年代起,我国建立了 1978 地心坐标系,也称地心一号(DX－1);1988 年建立了地心二号坐标系(DX－2)。这两种坐标系主要在航天部门得到应用。此外还引入了 WGS－84坐标系和 ITRS 国际地球参考系。以下主要介绍 RDSS 卫星采用的 54 坐标系和 GPS 卫星采用的 WGS－84 坐标系。

1. 坐标系简介

1)WGS－84 坐标系

WGS－84 坐标系是目前 GPS 所采用的坐标系统,GPS 所发布的星历参数就是基于此坐标系统的。WGS－84 坐标系统的全称是 World Geodical System－84 (世界大地坐标系－84),它是一个地心地固坐标系统。WGS－84 坐标系统由美国国防部制图局建立,于 1987 年取代了当时 GPS 所采用的坐标系统——WGS－72坐标系统,而成为 GPS 所使用的坐标系统。WGS－84 坐标系的坐标原点位于地球的质心,Z 轴指向 BIH1984.0 定义的协议地极方向,X 轴指向BIH1984.0 的起始子午面和赤道的交点,Y 轴与 X 轴和 Z 轴构成右手系。采用椭球参数为:$a = 6378137\mathrm{m}$;$f = 1/298.257223563$。

2)1954 年北京坐标系

1954 年北京坐标系是我国目前广泛采用的大地测量坐标系,是一种参心坐标系统。该坐标系源自于苏联采用过的 1942 年普尔科夫坐标系。该坐标系采用的参考椭球是克拉索夫斯基椭球,该椭球的参数为:$a = 6378245\mathrm{m}$;$f = 1/298.3$。我国地形图上的平面坐标位置都是以这个数据为基准推算的。

2. 坐标系转换

在进行 WGS－84 坐标系和 BJ－54 坐标系转换时有两种转换思想和模型,即平面转换模型和空间转换模型。

1)平面转换模型

在平面转换模型中,需要假定两种坐标系的中心和坐标轴的方向一致。

首先,在 WGS－84 椭球参数约束下将 WGS－84 大地坐标 $(B_{84}, L_{84}, h_{84})^{\mathrm{T}}$ 转换为 WGS－84 空间直角坐标 $(X, Y, Z)^{\mathrm{T}}$;

$$\begin{cases} X = (N+h)\cos B\cos L \\ Y = (N+h)\cos B\sin L \\ Z = [N(1-e^2)+h]\sin B \end{cases} \qquad (3.7)$$

式中:$N = \dfrac{a}{\sqrt{1-e^2\sin^2 B}}$。

其次,再将 WGS-84 空间直角坐标等同于 BJ-54 坐标系下的空间直角坐标,将其在 BJ-54 椭球参数约束下转换为假定的大地坐标$(B_{54},L_{54},h_{54})^T$;

$$\begin{cases} L = \arctan(Y/X) \\ B = \arctan[(Z+Ne^2\sin B)/\sqrt{X^2+Y^2}] \\ h = \sqrt{X^2+Y^2}\sec B - N \end{cases} \qquad (3.8)$$

接着,取当地中央子午线。将假定的大地坐标$(B_{54},L_{54})^T$通过高斯投影转换成假定的平面坐标$(x'_g,y'_g)^T$;

最后,通过平面转换模型将假定的平面坐标转换成 BJ-54 平面坐标。平面转换模型如下:

$$\begin{pmatrix} x_g \\ y_g \end{pmatrix} = \begin{pmatrix} x_0 \\ y_0 \end{pmatrix} + (1+r)\boldsymbol{R}(\psi)\begin{pmatrix} x'_g \\ y'_g \end{pmatrix} \qquad (3.9)$$

式中:$(x'_g,y'_g)^T$为假定的地方平面坐标;$(x_g,y_g)^T$为 BJ-54 地方平面坐标;$(x_0,y_0)^T$为坐标平移量;r为缩放尺度;ψ为旋转角;$\boldsymbol{R}(\psi) = \begin{pmatrix} \cos(\psi) & \sin(\psi) \\ -\sin(\psi) & \cos(\psi) \end{pmatrix}$为旋转矩阵。

为得到反算式(X3)中的平移、缩放尺度和旋转参数,至少需要两个已知 WGS-84 坐标和 BJ-54 坐标的点,如多于两个点,可按最小二乘法求解。对所有 GPS 测定的点需经过以上 4 个过程求得当地平面坐标。而正常可由大地高扣除高程异常求得。平面转换模型原理简单,数值稳定可靠,但由于式(X3)是一个线性变换公式,而高斯投影是非线性的,因此平面转换模型只适合范围较小的工程使用,对于大范围的 GPS 测量应使用空间转换模型。

2)空间转换模型

若 GPS 测定的点中部分点的平面坐标已知,对这些已知的平面坐标$(x'_g,y'_g)^T$进行高斯投影反算,可得到大地坐标$(B_{54},L_{54})^T$,再加上大地高 h_{54},由 54 椭球参数按式(X2)转换成空间坐标,以$(X_{54},Y_{54},Z_{54})^T$表示。GPS 直接测定点的空间坐标以$(X_{84},Y_{84},Z_{84})^T$表示,则两者的转换关系为:

$$\begin{pmatrix} X_{54} \\ Y_{54} \\ Z_{54} \end{pmatrix} = \begin{pmatrix} D_x \\ D_y \\ D_z \end{pmatrix} + (1+k)R_1(\alpha)R_2(\beta)R_3(\gamma)\begin{pmatrix} X_{84} \\ Y_{84} \\ Z_{84} \end{pmatrix} \qquad (3.10)$$

式中：$(D_x, D_y, D_z)^T$ 是空间转换坐标平移量；k 为缩放尺度参数；α、β、γ 为旋转参数。

当已知的平面点多于 3 个时，我们可以由（X4）式反求出这 7 个转换参数。所以在进行空间转换时，首先必须假定 WGS – 84 坐标测定点中至少有 3 个已知的 BJ – 54 坐标系的平面坐标。根据公共点的坐标首先进行 7 个参数的测定，然后才能进行 WGS – 84 坐标和 BJ – 54 坐标的转换。

早期北斗卫星导航试验系统采用 BJ – 54 坐标系。而北斗卫星导航系统采用 2000 大地坐标系（China Geodetic Coordinate System 2000，CSCS2000）。

3.5　卫星授时的误差分析

在卫星授时中，根据卫星信号的传播过程，可把影响授时精度的主要误差分为以下三类。

3.5.1　与卫星有关的误差

与卫星有关的误差主要包括卫星钟差和卫星轨道偏差。

1. 卫星钟差

由于卫星的位置是时间的函数，因此，卫星的观测量均以精密测时为依据，而与卫星位置相对应的信息，是通过卫星信号的编码信息传送给接收机的。在导航定位中，无论是码相位观测或是载波相位观测，均要求卫星钟与接收机时钟保持严格的同步。实际上，尽管导航卫星均设有高精度的原子钟（铷钟或铯钟），但是它们与理想的系统时之间，仍存在着难以避免的偏差和漂移。这种偏差的总量一般控制在 1ms 以内。

对于卫星钟的这种偏差，一般可由卫星的主控站，通过对卫星钟运行状态的连续监测确定，并通过卫星的导航电文提供给接收机。经钟差改正后，各卫星之间的同步差，即可保持在 20ns 以内。

卫星钟差参数是通过对实际卫星钟差曲线拟合估计，保留了残留误差。残留误差在钟差数据刚上载给卫星时是最小的，此后随着时间延长逐渐增大，再次更新时误差又是最小。在数据龄期为零时，卫星钟差在 0.8m 左右；24h 后该钟差一般在 1m ~ 4m 范围内。随着装备有更好原子钟的卫星发射，残留误差将继续减小。此外星历更新的周期也影响卫星钟差。

2. 卫星轨道偏差

卫星轨道的精度直接影响定位授时精度。在卫星导航系统中，通常采用了二体运动的 6 个积分常数来描述轨道，这些参数与某一个参考时刻相关联。在精确参考时刻，参数准确描述了卫星的真实位置和速度。如果从参考时刻往后推移，卫星位置和速度误差将逐渐增大。这就是为什么要提高导航电文更新频度的主要原因。导航电文中的数据龄期参数表示了这些参数的可信度。

表 3.2 为 GPS 导航电文中与卫星轨道相关的参数。可见,GPS 星历电文的前 7 个参数是历元时刻和在历元时刻的开普勒密切轨道根数,后 9 个参数则用来根据历元之后的时刻校正开普勒根数。

表 3.2　GPS 星历数据的定义

t_{oe}	星历的参考时刻	$\dot{\Omega}$	升交点经度的变化率
$\sqrt{a}$	半长轴的平方根	Δn	对平均角速度的校正值
e	偏心率	C_{uc}	对纬度幅角余弦的校正值
i_0	倾角(在 t_{oe} 时)	C_{us}	对纬度幅角正弦的校正值
Ω_0	升交点经度(在每星期历元上)	C_{rc}	对轨道半径余弦的校正值
ω	近地点幅角(在 t_{oe} 时)	C_{rs}	对轨道半径正弦的校正值
M_0	平近点角(在 t_{oe} 时)	C_{ic}	对倾角余弦的校正值
di/dt	倾角的变化率		

控制段采用星地测轨法获得每颗卫星位置的最佳估计值,再进行曲线拟合产生预报参数。卫星位置残差的典型幅值在 1m ~ 6m 范围内。星历误差通常在径向(从卫星到地球中心)最小,在切向(卫星运行时的瞬时方向)和横向(与切向和径向均垂直)要大得多。好在切向和横向误差对测量误差影响较小。一般而言,由于星历误差带来伪距或载波相位误差在 0.8m(1σ)。

3.5.2　与卫星信号传播有关的误差

与卫星信号传播有关的误差主要包括大气折射误差和多路径效应,大气折射又分为电离层折射和对流层折射。

1. 电离层折射的影响

卫星信号与其他电磁波信号一样,当其通过电离层时,将受到这一介质弥散特性的影响,使其信号的传播路径发生变化。当卫星处于天顶方向时,电离层折射对信号传播路径的影响最小,而当卫星接近地平线时,则影响最大。

2. 对流层折射的影响

对流层折射对观测值的影响,可分为干分量与湿分量。干分量主要与大气的湿度与压力有关,而湿分量主要与信号传播路径上的大气湿度有关。对于干分量的影响,可通过地面的大气资料计算;湿分量目前尚无法准确测定。对于输送短的基线(< 50km),湿分量的影响较小。

3. 多路径效应影响

多路径效应亦称多路径误差,是指接收机天线除直接收到卫星发射的信号外,还可能收到经天线周围地物一次或多次反射的卫星信号,信号叠加将会引起

54

测量参考点(相位中心点)位置的变化,从而使观测量产生误差,而且这种误差随天线周围反射面的性质而异,难以控制。根据实验资料表明,在一般反射环境下,多路径效应对测码伪距的影响可达到米级,对测相伪距的影响可达到厘米级。而在高反射环境下,不仅其影响将显著增大,而且常常导致接收的卫星信号失锁和使载波相位观测量产生周跳。因此,在精密 GPS 导航、测量和授时中,多路径效应的影响是不可忽视的。

3.5.3　接收设备有关的误差

与 GPS 接收机设备有关的误差主要包括观测误差、接收机钟差、天线相位中心误差和载波相位观测的整周不定性影响等。

1. 观测误差

观测误差包括观测的分辨误差及接收机天线相对于测站点的安置误差等。

根据经验,一般认为观测的分辨误差约为信号波长的 1%。故知道载波相位的分辨误差比码相位小,由于此项误差属于偶然误差,可适当地增加观测量,将会明显地减弱其影响。

接收机天线相对于观测站中心的安置误差,主要是天线的位置不与观测站正对的误差以及量取天线高的误差。在精密定位工作中,必须认真、仔细操作,以尽量减小这种误差的影响。

2. 接收机的钟差

尽管 GPS 接收机有高精度的石英钟,其日频率稳定度可以达到 10^{-11},但对载波相位观测的影响仍是不可忽视的。

处理接收机钟差较为有效的方法是将各观测时刻的接收机钟差间看成是相关的,由此建立一个钟差模型,并表示为一个时间多项式的形式,然后在观测量的平差计算中统一求解,得到多项式的系数,因而也得到接收机的钟差改正。

3. 载波相位观测的整周未知数

载波相位观测是当前普遍采用的最精密的观测方法,由于接收机只能测定载波相位非整周的小数部分,而无法直接测定开波相位整周数,因而存在整周不定性问题。

此外,在观测过程中,由于卫星信号失锁而发生的周跳现象。从卫星信号失锁到信号重新锁定,对载波相位非整周的小数部分并无影响,仍和失锁前保持一致,但整周数却发生中断而不再连续,所以周跳对观测的影响与整周未知数的影响相似,在精密定位的数据处理中,整周未知数和周跳都是关键性的问题。

4. 天线的相位中心位置偏差

在 GPS 定位中,观测值是以接收机天线相位中心位置为准的,因而天线的相位中心与其几何中心理论上保持一致。可是,实际上天线的相位中心位置随着信号输入的强度和方向不同而有所变化,即观测时相位中心的瞬时位置(称为视相位中心)与理论上的本单位中心位置将有所不同,天线相位中心的偏差对相对定位结果的影响,根据天线性能的优劣,可达数毫米至数厘米。所以对于精密相对定位,这种影响是不容忽视的。

在实际工作中,如果使用同一类型的天线,在相距不远的两个或多个观测站上,同步观测同一组卫星,那么便可通过观测值求差,以削弱相位中心偏移的影响。需要提及的是,安置各观测站的天线时,均需按天线附有的方位标进行定向,使之根据罗盘指向磁北极。

5. 内时延误差

GPS 信号接收机时用于接收、跟踪、变换和测量 GPS 信号的。GPS 信号在接收机内部从一个电路转移到另一个电路的行进中,必须占用一定的时间。这种由于电子电路所产生的时间延迟,称为内部延时。它的大小可以根据电路参数计算求得。

6. 周跳对授时精度的影响

在 GPS 相位测量中,观测数据中大于 10 周的周跳,在数据预处理时不难发现,可予以消除。然而,小于 10 周的周跳,特别是 1~5 周的周跳,以及半周跳和 1/4 周跳,不易发现,而对含有周跳的观测值周跳的影响视为观测的偶然误差,因而严重影响授时的精度。

3.6 高程误差对授时精度的影响分析

在无源授时应用中,无源定位得到的位置坐标主要用来计算用户与卫星之间的距离,以便于计算信号传输时延。对于授时用户而言,其本质而言不需要定位结果。

由于精确高程的测定需要湿温度传感器,成本较高。高程误差会引起定位误差,是影响授时精度的主要因素。以下为例进行分析。

设采用 3 颗 GEO 导航卫星,纬度0°,A 星位于东经80°,B 星位于东经110°,C 星位于东经140°,则卫星的位置(x,y,z)可按下式进行计算。

$$\begin{cases} x = (R_N + h)\cos\varphi\cos\lambda \\ y = (R_N + h)\cos\varphi\sin\lambda \\ z = \left[(R_N(1-f)^2 + h)\right]\sin\varphi \end{cases} \quad (3.11)$$

式中:R_V 为地球赤道半径,h 为卫星与地球表面之间的距离,f 为地球的椭圆度,根据 WGS - 84 模型,$f = 1/298.257$。

设地球赤道半径 $R_N = 6378$km,卫星距地面高度 $h = 35786$km,则卫星距地心之间的距离为 42164km。则可计算出 A,B,C 三星坐标。

$$\begin{cases} x_A = 7321701 \\ y_A = 41523434 \\ z_A = 0 \end{cases} \tag{3.12}$$

$$\begin{cases} x_B = -14420937 \\ y_B = 39621200 \\ z_B = 0 \end{cases} \tag{3.13}$$

$$\begin{cases} x_C = -32299478 \\ y_C = 27102498 \\ z_C = 0 \end{cases} \tag{3.14}$$

通过设定初始点和钟差,在 MATLAB 中采用迭代法进行求解,设定以下初始条件:

$$\begin{cases} x_u = -2818609 \\ y_u = 5502736 \\ z_u = 1740395 \end{cases} \tag{3.15}$$

$$\begin{cases} D_1 = 37461253 \\ D_2 = 36079253 \\ D_3 = 36588253 \end{cases} \tag{3.16}$$

式中:(x_u,y_n,z_n) 为初始点坐标,D_1,D_2,D_3 分别为初始点与 A 星、B 星和 C 星的距离。

此后在位置、伪距、钟差等参数不变的情况下,人为改变高程,模拟高程误差,计算该种情况下得到的用户位置 (x,y,z) 和与卫星之间的距离 D_1,D_2,D_3。

对高程分别引入 100m ~ 900m 的误差,计算结果如表 3.3 所列和图 3.10 所示。可见,高程变化对坐标 Z 影响最大,对用户与三星之间的距离 D_1,D_2,D_3 的影响相对较小。由式(3.11)定位方程可见,高程误差首先对钟差 t_u 产生影响,而钟差 t_u 对 D_1,D_2,D_3 的影响是相同的,因此高程误差导致 D_1,D_2,D_3 产生一致的变化。由表 3.3 可见,在选定点,当高程误差 100m 时,引起的距离误差 < 15m;当高程误差 500m 时,引起的距离误差 < 300m,引起的授时误差 < 1μs,而此时 Z 坐标误差已超过 2000m。可见,Z 坐标对高程敏感,这与 3 颗卫星的分布特点有关。

表 3.3 高程误差与定位和距离计算结果之间的关系(单位:m)

序号	高程误差	X 误差	Y 误差	Z 误差	D_1 误差	D_2 误差	D_3 误差
1	100	-1.1421	2.2365	360.09	14.89	14.89	14.89
2	200	-3.4263	6.7095	1080.1	44.67	44.67	44.67

序号	高程误差	X 误差	Y 误差	Z 误差	D_1 误差	D_2 误差	D_3 误差
3	300	−6.8528	13.419	2159.5	89.342	89.342	89.342
4	400	−11.422	22.366	3597.8	148.91	148.91	148.91
5	500	−17.133	33.551	5394.2	223.37	223.37	223.37
6	600	−23.988	46.973	7547.5	312.73	312.73	312.73
7	700	−31.985	62.634	10057	417	417	417
8	800	−41.126	80.535	12920	536.18	536.18	536.18
9	900	−51.411	100.68	16137	670.27	670.27	670.27

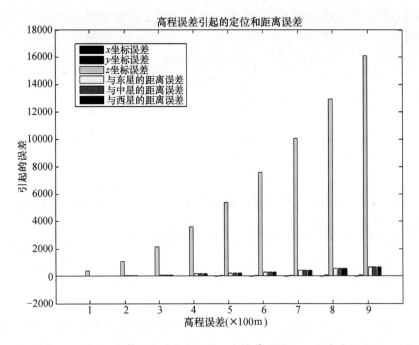

图 3.10 高程误差与定位和距离计算结果之间的关系

选取北京、上海、三亚、拉萨、哈尔滨等 5 个城市进行计算,得到的结果如表 3.4 所列和图 3.11 所示。

表 3.4 5 个城市高程误差与定位和距离计算结果之间的关系(单位:m)

地点	高程误差	X 误差	Y 误差	Z 误差	D_1 误差	D_2 误差	D_3 误差
北京	100	2.1241	−1.7036	−448	14.907	14.907	14.907
上海	100	−1.1291	0.1694	115.1	15.0095	15.0095	15.0095
三亚	100	−1.8052	1.0642	206.8	14.9908	14.9908	14.9908
哈尔滨	100	0.2014	1.8131	150.2	14.9209	14.9209	14.9209
拉萨	100	1.3646	1.8896	−2221	15.1339	15.1339	15.1339

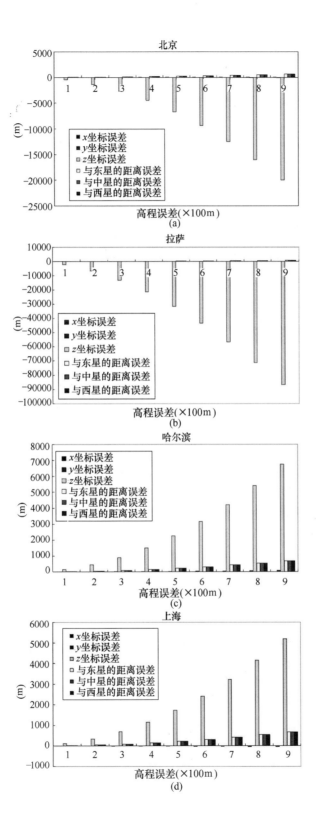

(a)

(b)

(c)

(d)

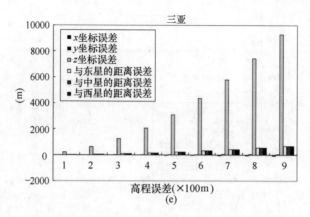

图 3.11　各地高程误差与定位和距离计算结果之间的关系图
(a) 北京;(b) 拉萨;(c) 哈尔滨;(d) 上海;(e) 三亚.

由图 3.11 可见,在这些区域高程误差对距离计算的影响要小于对定位的影响。由于这些城市分别位于中国的中心、东、南、西、北等区域,因此可见在我国大部分区域高程误差对授时的影响要远小于对定位的影响。由上面的分析可知,采用高程辅助定位适用于单向授时。

目前由于通信和信息技术的发展,大范围的时间同步需求越来越迫切。考虑到国家安全性,将关系到国计民生的重要基础网络采用国外的卫星导航系统进行同步是存在安全隐患的。国家发改委和国防科工委多次联合下发文件,要求我国涉及通信、电力、交通、银行、证券和广播电视等基础行业的授时必须使用具有自主知识产权的卫星导航系统进行备份,而且这些行业也迫切需要授时产品。

GEO 卫星系统的服务中,单向授时是最具有推广潜力的,因为单向授时不受用户数量的限制,可以大面积推广使用。此外 GEO 卫星为静止轨道卫星,单向授时接收机研制难度小,成本低,GEO 卫星单向授时在技术上是优于 GPS 授时的。

本节的分析表明,在利用 GEO 卫星和高程辅助定位实现授时的情况下,高程误差对授时精度的影响要小于对定位误差的影响。从分析结果来看,在绝大部分地区 100m 高程误差带来的授时误差小于 100ns。因此在满足精度的情况下,可以降低对精确高程的需求。本节的分析结果改变了通常人们认为授时需要精确高程的观念,将有力促进单向授时的应用。

参 考 文 献

[1] 何琴,单庆晓,唐洪. 北斗一代单向授时接收机中时延容错研究与算法. 上海:第二届中国导航年会,
　　2011.

[2] 谭述森. 卫星导航定位工程[M]. 北京:国防工业出版社,2007.

[3] 艾国祥,施浒立,吴海涛,等. 基于通信卫星的定位系统原理[J]. 中国科学 G 辑:物理学 力学 天文学,2008,38(12):1615 – 1633.

[4] 卢晓春,吴海涛,边玉敬,等. 中国区域定位系统信号体制[J]. 中国科学 G 辑:物理学 力学 天文学,2008,38(12):1634 – 1647.

[5] 吴海涛,卢晓春,李孝辉,等. CAPS 导航信号的地面发射时间同步和载波频率控制[J]. 中国科学 G 辑:物理学 力学 天文学,2008,38(12):1660 – 1670.

[6] 李孝辉,吴海涛,边玉敬,等. 内含伪距差分功能的虚拟卫星原子钟[J]. 中国科学 G 辑:物理学 力学 天文学,2008,38(12):1722 – 1730.

[7] 纪元法,孙希延. 中国区域定位系统的定位精度分析[J]. 中国科学 G 辑:物理学 力学 天文学,2008,38(12):1812 – 1817.

[8] 杜雪涛,李楠,刘杰. 北斗与 GPS 双授时在 TD – SCDMA 中的应用[J]. 电信工程技术与标准化,2007,(7):5 – 7.

[9] 刘庆富,卢艳娥,李晓明,等. 三星无源定位的精度分析及定位算法[J]. 航空学报,2008,29(2):456 – 461.

[10] 张常云. 三星定位原理研究[J]. 航空学报,2001,22(2):175 – 176.

[11] 刘雅娟. 北斗三星无源定位技术[J]. 无线电工程,2006,36(2):36 – 39.

[12] 周渭,王海. 时频测控技术的发展[J]. 时间频率学报,2003,26(2):88 – 94.

[13] 于跃海,张道农,胡永辉,等. 电力系统时间同步方案[J]. 电力系统自动化,2008,32(7):82 – 86.

[14] Ai G X, Shi H L, Wu H T,et al. Positioning system based satellite communication and Chinese area positioning system (CAPS)[J]. Science in China,J Astron Astrophys,2008,8(6):611 – 635.

[15] 许家琨. 常用大地坐标系的分析和比较[J]. 海洋测绘,2005,25(6):71 – 74.

第 4 章　卫星导航信号处理

利用导航卫星来实现本地定时,首先需要接收导航卫星信号。本章将详细讲述导航卫星信号的调制发射、解调接收和数据的处理过程,从信号接收、处理流程讲述各个环节的具体实现过程。一般而言,本地接收机首先将天线接收到的射频信号下变频到中频,再对中频信号进行采样和数字信号处理。本章将主要讲述对中频信号进行带通采样得到数字中频,再进行正交数字下变频将中频信号搬至基频的方法。其次,捕获、跟踪卫星信号,采用载波和码环双环路跟踪方法剥除掉载波和 PN 码的多普勒频移,分离出 I、Q 两路信号,对其中带信息的 Q 路信号进行 Viterbi 译码和 CRC 校验;最后,对译码和校验完成的导航数据解帧和解电文,得到卫星广播的电文。

4.1　信号的发射与接收

目前卫星导航系统大多采用直接序列扩频调制,如北斗、CAPS、GPS 和 Galileo。这些系统采用码分多址(Code Division Multiple Access,CDMA)的方式广播无线电信号,工作在同一频率上的信号通过伪随机噪声码(Pseudorandom Noise,PRN)进行调制区分,这是扩频信号的基本特征。伪随机噪声码是一种复杂的数字编码方式,这种编码看起来似乎具有随机噪声的特点,但因其具有特定的数学特征而不是一种真正意义上的电噪声,故称其为伪随机噪声信号。每颗导航卫星的伪随机噪声码互不相同。GLONASS 采用频分多址方式,提高了卫星抗干扰性能,但增加了射频部分的复杂度。现代 GLONASS 卫星也开始发送 CDMA 信号。

以 GPS 卫星信号产生过程为例阐述卫星信号的发射与接收过程。真实的 GPS 卫星射频信号产生流程如下:伪码发生器产生 1.023 MHz 的 C/A 伪随机码,GPS 的导航电文速率为 50 b/s,导航电文首先与该 C/A 码叠加,这样产生了基带信号;在 GPS 卫星上,基带信号被调制到 L1 载频,然后通过天线释放。

用户接收机接收到的射频信号与卫星发送的射频信号对比,其接收到的信号是经过传输延迟的信号。信号接收处理过程如图 4.1 所示。接收机的天线接收信号后,经滤波和放大,通过模拟下变频电路变为几十兆赫的中频信号,通过 A/D 采样后变为数字信号。首先进行数字下变频,恢复出数字基带信号,再进行解扩处理。解扩后得到的数据进行帧同步,再译码后得到导航电文。

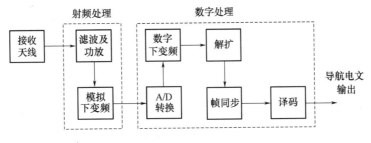

图 4.1 信号接收处理过程

4.2 卫星导航信号特征

4.2.1 北斗导航试验卫星信号特征

北斗卫星导航试验系统 RDSS 业务有两路传输信号,一种为出站信号,由地面主控站经卫星至用户;另一种为入站信号,由用户发射信号,经卫星至主控站。信号传播在各个环节均要符合世界无线电行政大会 WARC 的有关决议。经中国政府的不懈努力,RDSS 业务采用了如图 4.2 所示的信号频率方案。

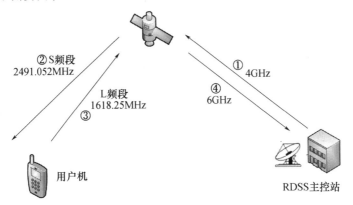

图 4.2 RDSS 信号传输

图 4.2 中①,②为出站信号,主控站至卫星采用 C 频段 4.0GHz,卫星至用户采用 S 频段 2491.052MHz;③,④为入站信号,用户机至卫星采用 L 频段1618.25MHz,卫星至 RDSS 主控站采用 C 波段的 6GHz。

RDSS 广播电文由一个包含 1920 个连续子帧的超帧组成,其组成如图 4.3所示。每个子帧由 250bit 构成并有自己的分帧号。子帧发播比特速率为8Kb/s,传播时间为 31.25ms,这样一个超帧传播需要 1min。由于卫星转发延迟稳定,因此信号发播与地面系统时间具有严格的对应关系。主控站至卫星信号传输延迟、卫星转发延迟、电离层修正参数均包含在导航电文中,用户通过接收信号,计算延迟,可精确恢复地面系统时间。

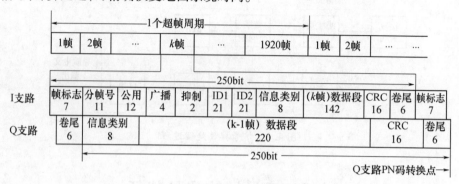

图 4.3 RDSS 电文结构

由于 RDSS 业务的特点,其出站信号既要传输公共信息,也要传输专用信息,因此 QPSK 调制成为最佳选择。一般而言,I 支路传播公用信息,采用 GOLD 序列调制;Q 支路选用较长序列的 PN 码,主要传播专用信息。

4.2.2 北斗导航卫星信号特征

北斗卫星导航系统在 L、S 两个频段发播导航信号,在 L 频段的 B1、B2 和 B3 三个频点上提供开放和授权服务,它们的载频分别为:

B1 频点——1559.052MHz ~ 1591.788MHz;

B2 频点——1166.22MHz ~ 1217.37MHz;

B3 频点——1250.618MHz ~ 1286.423MHz。

其中 B1 频点和 B2 频点的信号均有 I、Q 两个支路的"测距码 + 导航电文"正交调制在载波上构成。3 种不同频点信号的特征如表 4.1 所列。

表 4.1 B1、B2、B3 频段信号特征

信号	中心频点/MHz	码速率/cps	带宽/MHz	调制方式	服务类型
B1(I)	1561.098	2.046	4.092	QPSK	开放
B1(Q)		2.046			授权
B2(I)	1207.14	2.046	24	QPSK	开放
B2(Q)		10.23			授权
B3	1268.52	10.23	24	QPSK	授权

4.2.3 GPS 导航卫星信号特征

GPS 信号具有两种不同的伪随机码:

(1) C/A 码,即粗码(或称捕获码),码速率为 1.023Mb/s,每 1ms 码重复一

次,粗码的码元宽度较大,一般定位精度为米级,主要提供给民用导航。

(2) P 码,即精码(或称精密测距码),码速率为 10.23Mb/s,每 7 天码重复一次。精码比粗码的结构复杂的多,所以信号跟踪和捕获更加困难,主要提供军用导航定位,并且是加密的(加密后的码称为 Y 码),只有 GPS 授权用户才可以使用。

GPS 系统在建设初期时,卫星上的无线电发射装置广播的是 2 个 L 频段上的导航信号,分别为 L1 频段和 L2 频段。其中,L1 频段的载频为 1575.42MHz,并调制出两路相互正交的扩频码信号,I 支路为 C/A 码民用信号,Q 支路为 P 码军用信号;L2 频段的载频为 1227.6MHz,只调制出一路 P 码军用信号。

随着 GPS 现代化进程,美国政府提出希望在 L2 频段上也提供民用服务,于是后续研发工作实行 I/Q 复用的 QPSK 调制方式,使得 L1 频段上使用的 C/A 码在 L2 频段上同样可以使用,这样便在本属于军用的 L2 频段上增加了新的民用导航信号,称之为 L2C 频段,目前已有 9 颗卫星广播该频段导航信号,预计在 2016 年发射 L2C 信号的卫星数量将达到 24 颗。

在这之后,考虑到全球频谱管理方面新的协调统一以及未来导航战、电子战的需要,美国政府提出开发一个新的频段,这就是第三个民用信号 L5,其载频为 1176.45MHz,并在 ITU(国际电信联合会)注册了该导航信号频点。L5 频段属于受保护的航空无线电(ARNS)保护频段,发送生命安全信号,解决飞机在多路径环境下精确着陆的技术故障。Ⅱ R－20(M)卫星第一次发送该信号。目前 L5 频段信号已经开始部署,并有 2 颗工作卫星可以提供 L5 频段信号,而今后新发射的 GPS 卫星将全部具有广播 L5 导航信号的能力,预计在 2019 年达到 24 颗。在未来的几年时间里,可能会出现 L1、L2 和 L5 信号共用的情况。

尽管占有了 3 个频段的丰富频谱资源,但军用信号与民用信号不可避免地存在相互影响、相互干扰的情况,而考虑到在目前全球频谱资源日益紧张的现状下开辟新的信号频段难度较大,于是美国提出了采用 BOC(二进制偏移载频)调制的方式增加同频段信号的复用率,利用空间频谱分离提供独立于 L1 信号之外的第四个民用信号 L1C,其频率为 1575.42MHz。按照 GPS 现代化进程,L1C 信号将通过 2014 年发射的 GPS Ⅲ 卫星进行部署,并于 2021 年将该频段的卫星数量增至 24 颗。

GPS 信号频段的特征及发展历程如表 4.2 所列。

表 4.2　GPS 信号频段的发展

发展年份	频段名称	信号频段	中心频点	服务对象
1978—2004	Block Ⅰ/Ⅱ/ⅡA/ⅡR	L1(C/A);L1(P)	1575.42MHz	军民两用
2005—2009	Block ⅡR－M	L2(P)	1227.6MHz	民用
2010—2013	Block ⅡF	L5	1176.45MHz	民用
2014—2024	Block Ⅲ	L1C	1575.42MHz	民用

4.2.4　GLONASS 信号特征

与美国 GPS 系统及其他 GNSS 系统采用的码分多址(CDMA)方式不同,GLONASS 系统所采用的是一种频分多址(Frequency Division Multiple Access, FDMA)的信号体制,即根据信号载波频率的变化来区分不同卫星,其设计的初衷是考虑到有效提高系统抗人为干扰的能力。GLONASS 系统中每颗卫星均广播两种载频的信号,分别称为 L1 与 L2 频段,其中 L1 = 1602 + 0.5625 × k(MHz),L2 = 1246 + 0.4375 × k(MHz),式中的 k 表示卫星的编号,对于同一颗卫星来说,L1 与 L2 频段信号的关系满足 L1/L2 = 9/7。

随着第三代 GLONASS 系统的发展,GLONASS – K 卫星已具有发播 CDMA 信号的能力,这将有效升级 GLONASS 系统的定位精度与测距范围,还将提高 GLONASS 系统的鲁棒性及冲突防护能力,并且能够更好地与其他 GNSS 系统之间实现兼容与互操作。今后发射的 GLONASS 卫星都将广播 CDMA 信号,同时保留原有的 FDMA 信号。

在 GLONASS 系统信号频段上也调制出了两种伪随机噪声码(Pseudorandom Noise,PRN):S 码与 P 码,两种编码方式均完全向用户开放,不进行任何加密,以此实现系统军民两用的服务模式。

4.2.5　Galileo 信号特征

Galileo 卫星采用码分多址的方式进行信号编码,系统信号的调制频段有 4 种,分别是 E5A、E5B 频段(1164MHz ~ 1215MHz)、E6 频段(1260MHz ~ 1300MHz)和 E2 – L1 – E1(简称为 L1)频段(1559MHz ~ 1592MHz)。其中 E5A、E5B 中心频率为 1176MHz,E6 中心频率为 1278MHz,L1 中心频率为 1575MHz。每颗 Galileo 卫星均可发播 6 种不同的导航信号:E5A、E5B、E6C、E6P、L1F 及 L1P,它们的信号特征如表 4.3 所列。

表 4.3　Galileo 信号特征

调制频段	E5A	E5B	E6C
调制方式	BPSK R – 10	BPSK R – 10	BPSK R – 10
码率/Mcps	10.23	10.23	5.115
数据率/sps	50	250	1000
服务功能	OS/CS/SoL	OS/CS/SoL	CS
调制频段	E6P	L1F	L1P
调制方式	BOC(10,5)	BOC(1,1)	BOC(15,2.5)
码率/Mcps	5.115	1.023	/
数据率/sps	/	250	/
服务功能	PRS	OS/CS/SoL	PRS

4.3 BOC 调制与解调

4.3.1 BPSK 调制

GPS 传统的调制方式是二进制相移键控(Binary Phase Shift Keying, BPSK)。BPSK 调制方式是用二进制数字信号控制载波的两个相位,这两个相位通常相差 πrad,如用相位 0 和 π 分别表示 1 和 0。其时域表达式为

$$S_{BPSK} = \left[\sum_n a_n g(t - nT_S) \right] \cos\omega_c t$$

这里 a_n 的取值为双极性数字 $+1$ 或 -1。当 $g(t)$ 为幅度为 1、宽度为 T_S 的矩形脉冲,数字信号的传输速率与载波频率有整数倍关系且传输同步时,BPSK 的典型波形如图 4.4 所示:

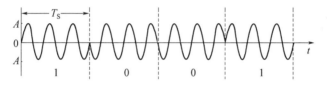

图 4.4 BPSK 调制的典型波形

GPS 信号的 C/A 码采用 BPSK 调制,其 L1 载波的频谱如图 4.5 所示,其特点为大部分功率都集中在频带的中央位置。

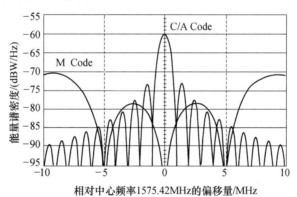

图 4.5 GPS C/A 码和 M 码的频谱

4.3.2 BOC 调制

二进制偏置载波(Binary Offset Carrier, BOC)调制是指以一个方波作为子载波,对卫星产生的码信号辅助调制后,再调制到主载波上。BOC 调制信号结

构的特点是信号功率并不是调制到载波频率的主瓣,而是调制到载波频率两侧的旁瓣上。GPSM 码目前采用 BOC 调制,其频谱如图 4.5 所示,可见 BOC 调制方式将大部分功率放在分配给它的频带的边缘处。

BOC 调制的信号记为 $\mathrm{BOC}(a,b)$,a 表示子载波频率 $f_\mathrm{S} = a \times 1.023\mathrm{MHz}$,$b$ 表示扩频码的速率 $f_\mathrm{C} = b \times 1.023\mathrm{MHz}$。BOC 调制可以实现频段共用,同时实现频谱分离,它的功率谱有主瓣和副瓣,而且主瓣的能量主要集中在副载波频率,主瓣数与在主瓣之间的副瓣数之和等于 n_1,这里 $n_1 = 2f_\mathrm{S}/f_\mathrm{C}$。图 4.6 显示了几种 BOC 调制的频谱。

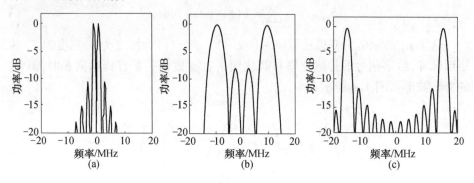

图 4.6　BOC 信号的功率谱
(a) BOC (1,1);(b) BOC (10,5);(c) BOC(15,25)。

以正弦 BOC 调制的归一化功率谱为例,当 n_1 为偶数和奇数时的归一化频谱密度表达式分别为

$$G_{\mathrm{BOC\_even}}(f) = f_\mathrm{C}\left[\frac{\sin\left(\dfrac{\pi f}{2f_\mathrm{S}}\right)\sin\left(\dfrac{\pi f}{f_\mathrm{C}}\right)}{\pi f \cos\left(\dfrac{\pi f}{2f_\mathrm{S}}\right)}\right]^2 \quad n_1 \text{ 为偶数}$$

$$G_{\mathrm{BOC\_odd}}(f) = f_\mathrm{C}\left[\frac{\sin\left(\dfrac{\pi f}{2f_\mathrm{S}}\right)\cos\left(\dfrac{\pi f}{f_\mathrm{C}}\right)}{\pi f \cos\left(\dfrac{\pi f}{2f_\mathrm{S}}\right)}\right]^2 \quad n_1 \text{ 为奇数}$$

由式可见,n_1 为偶数时,BOC 调制信号的功率谱包含正弦函数,而 n_1 为奇数时,则包含余弦函数。

BOC 调制的特点在于:

(1) 有效分配频带上的能量,减少同频带的干扰;与 BPSK 相比可以实现频段共用并实现频谱分离,可以提高频谱资源的利用率,这对于缓解目前卫星导航频段资源紧缺具有重要意义。

(2) BOC 调制具有良好的抗白噪声和抗多径干扰性能;图 4.7 为 BOC 码相关峰与 C/A 码相关函数的对比;灰色的曲线为 C/A 码的 $R(\tau)$,黑色曲线为

BOC$(0.5,0.25)$的$R_{\mathrm{BOC}}(\tau)$。由图4.7可见,BOC信号的自相关峰更尖锐,这对于捕获和抗干扰具有重要意义。但同时,在$\tau=\pm1\mu s$处出现了假峰值,这将给捕获主峰和跟踪带来困难。

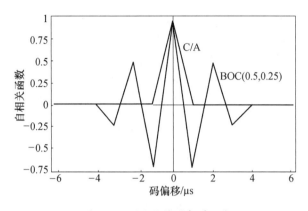

图4.7　BOC信号的相关函数

BOC码已成为GNSS信号主流,GPS现代化进程中军用M码使用BOC$(10,5)$的方式;Galileo的E2—L1—E1频段信号将使用BOC$(1,1)$,BOC$(15,2.5)$。

4.3.3　BOC解调

BOC信号的解调与BPSK信号的解调原理大致相同,都包括码同步、载波同步、帧同步等过程。码同步分为码捕获和码跟踪。BOC信号的自相关具有多个峰值,给信号解调带来难度。

BOC频谱的两个边带都包含了测距和数据解调的所有信息,对任一个边带进行处理均可恢复所有信息。因此接收机可以采用BPSK信号解调的方法对其中任一个边带进行处理。接收处理的中心频率为子载波的频率,单边带处理信号功率损失3dB。接收机产生的PN码进行相关捕获前无需经过亚载波的调制。

由于单边带信号功率较低,以两边带作为整个信号做相干处理会得到更好的测距性能。因此探讨信号下变频至数字中频后的直接捕获。由于相关函数为多峰形状,跟踪鉴相零点容易落在不正确的旁瓣区间。有文献指出在BPSK信号捕获中的超前—滞后延迟锁相环不适合于BOC扩频信号的码跟踪环。有文献提出使用5个相关器(即时、超前、滞后、远超前和远滞后),多相关器相互配合实现多峰BOC的码相位跟踪。也有将单边带信号解调与双边带解调结合起来,提出组合式解调恢复方法。该方法同时进行单双边带信号解调,将两者的鉴相曲线叠加如图4.8所示,叠加后的曲线只有一个零点,利用该零点实现相位锁定。

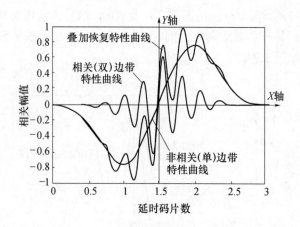

图 4.8 组合解调方法鉴相曲线

4.4 带通采样与数字下变频

4.4.1 带通采样定理

假设一个频率带限信号 $x(t)$，中心频率为 f_0，带宽为 B，其频带限制在 (f_l, f_h) 内。如果采样速率 f_S 满足下式：

$$f_S = \frac{2(f_l + f_h)}{2n+1} = \frac{4f_0}{2n+1} \tag{4.1}$$

式中：n 取能满足 $f_S \geqslant 2B = 2(f_h - f_l)$ 的最大正整数，$f_0 = \dfrac{f_l + f_h}{2}$，则用等间隔采样所得到的信号采样值 $x(nT_S)$ 能准确地确定原信号。为了尽量的降低采样率，可采用最低采样率 $2B$ 对带通信号进行采样。

由

$$\frac{4f_0}{2n+1} = 2B \tag{4.2}$$

得 $f_0 = nB + \dfrac{1}{2}B$，n 为任意整数。上述条件等效为

$$\begin{cases} f_l = nB \\ f_h = (n+1)B \end{cases} \tag{4.3}$$

即要求带通信号的上、下限均为带宽的整数倍。假如，$f_l = B$，$f_h = 2B$，则其带通采样频谱搬移效果图，如图 4.9 所示。

假设导航卫星的基带信号中频在 12.25MHz，带宽为 8.16MHz，我们用 16.32MHz 对其进行带通采样，能完全恢复出原信号。其带通采样频谱搬移图如图 4.10 所示。

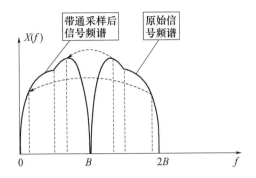

图 4.9　带通采样频谱搬移效果图

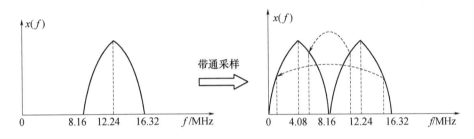

图 4.10　导航卫星信号带通采样频谱搬移图

从图 4.10 中,我们可以看到,经过带通采样,原始信号频谱的高频部分搬移到了基带的低频部分,低频部分被搬移到了高频部分。

4.4.2　正交数字下变频

正交数字下变频是用同相 COS 分量和正交 SIN 分量对数字信号进行下变频处理的过程。

假如导航卫星发出的信号为

$$S(t) = \sqrt{P} \times D(t) \times PN(t) \times \cos(2\pi f_{RF}t + \theta) \tag{4.4}$$

式中:P 为信号的强度;$D(t)$ 为发送数据信号;$PN(t)$ 为扩频码信号;f_{RF} 为载波频率;θ 为信号初始相位。

经卫星转发后,用户接收到的信号除了有延时外,还附加上了多普勒频移,信号变为

$$S_R(t) = \sqrt{P} \times D(t - \tau) \times PN(t - \tau) \times \cos(2\pi(f_{RP} + f_D)t + \theta) \tag{4.5}$$

式中:f_D 为多普勒频移;τ 为信号传播延时。

经过射频前端处理和带通采样后,信号变为

$$S_R(nT_S) = \sqrt{P} \times D(nT_S - \tau) \times PN(nT_S - \tau) \times \cos(2\pi(f_{IF} + f_D)nT_S + \theta)$$

$$\tag{4.6}$$

式中:f_{IF} 为模拟中频;T_S 为采样时间间隔。

因信号中含有的多普勒频移,如果我们只采用常规的数字下变频,可得:

$$S_{R\_DDC}(nT_S) = S_R(nT_S) \times \cos(2\pi(f_{IF} + f_{DG})nT_S + \hat{\theta}) \qquad (4.7)$$

式中:f_{DG} 为多普勒估算值;$\hat{\theta}$ 为相位估算值。

经低通滤波后,采样信号变为

$$S_{R\_DDC}(nT_S) = \sqrt{P} \times D(nT_S - \tau) \times PN(nT_S - \tau) \times \cos(2\pi(\Delta f_D)nT_S + \Delta\theta)$$

$$(4.8)$$

式中:$\Delta f_D = f_D - f_{DG}$;$\Delta\theta = \theta - \hat{\theta}$。

如果多普勒等于零,那么合成信号等于:

$$S''_{R\_DDC}(nT_S) = \sqrt{P} \times D(nT_S - \tau) \times PN(nT_S - \tau) \times \cos(\Delta\theta) \qquad (4.9)$$

这个信号在 $\Delta\theta = \left\{ \pm\dfrac{\pi}{2}, \pm\dfrac{3\pi}{2}, \pm\dfrac{5\pi}{2}, \cdots \right\}$ 情况下衰减。在卫星信号捕获前,我们对这个相位差没有控制,而这样的振幅衰减将严重阻碍卫星信号的捕获。针对上述情况,我们采用正交数字下变频的方法对采样信号进行处理。采用正交数字下变频对采样信号进行处理,可得:

$$\begin{cases} S_{R\_QDDC\_I}(nT_S) = S_R(nT_S) \times \cos(2\pi(f_{IF} + f_{DG})nT_S + \hat{\theta}) \\ S_{R\_QDDC\_Q}(nT_S) = S_R(nT_S) \times \sin(2\pi(f_{IF} + f_{DG})nT_S + \hat{\theta}) \end{cases} \qquad (4.10)$$

经低通滤波后,采样信号变为:

$$\begin{cases} S'_{R\_QDDC\_I}(nT_S) = \sqrt{P} \times D(nT_S - \tau) \times PN(nT_S - \tau) \times \cos(2\pi(\Delta f_D)nT_S + \Delta\theta) \\ S'_{R\_QDDC\_Q}(nT_S) = \sqrt{P} \times D(nT_S - \tau) \times PN(nT_S - \tau) \times \sin(2\pi(\Delta f_D)nT_S + \Delta\theta) \end{cases}$$

$$(4.11)$$

虽然单个同相和正交分量信号的幅度也会衰减,但是,我们在捕获过程中对式(4.11)中的同相和正交分量取模的平方和,得:

$$Mod_S = |S'_{R\_QDDC}(nT_S)|^2 + |S''_{R\_QDDC}(nT_S)|^2 \qquad (4.12)$$

以模的平方和 $Mod_S = |\sqrt{P} \times D(nT_S - \tau) \times PN(nT_S - \tau)|^2$ 作为捕获的判决,避开了幅度衰减问题。

正交数字下变频器由数字混频器、数控振荡器和低通滤波器三部分组成,其结构框图如图 4.11 所示。

模拟中频信号 $S(t)$,经过带通采样后得到 $S(nT_S)$;$S(nT_S)$ 分别与数控振荡器 NCO 根据频率控制字 M 产生的两路正交 COS 分量和 SIN 分量进行混频,再经过低通滤波器处理分成 I、Q 两路,如式(4.11)中 $S'_{R\_QDDC\_I}(nT_S)$ 与 $S'_{R\_QDDC\_Q}$

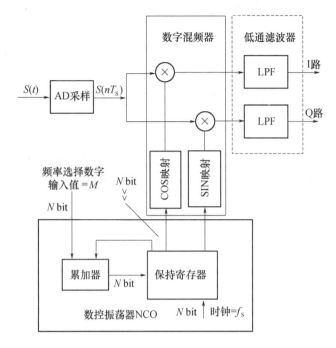

图 4.11　数字下变频结构框图

(nT_S) 所示。

　　取 SIN,COS 频率为 5.08MHz,则导航卫星数字中频信号正交数字下变频频谱搬移图如图 4.12 所示。

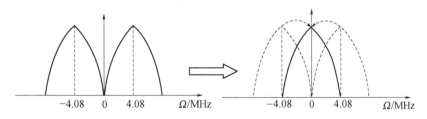

图 4.12　卫星数字中频信号下变频频谱效果图

4.5　捕获与跟踪

　　信号的捕获过程是一个搜索过程,也是本地的 PN 码与接收到的卫星信号的 PN 码对齐的过程[16-19]。跟踪是使本地码的相位一直随接收到的 PN 码相位改变,与接收到的 PN 码保持较精确的同步。本节阐述导航卫星的捕获算法,并在捕获的基础上完成信号的跟踪,剥除掉载波和码的多普勒频移。

4.5.1 捕获方法分析

目前扩频信号的捕获算法有很多种,如序列相关积分处理法(滑动相关搜捕法)、序贯估值搜捕法、同步头法、发射参考信号法、发射公共时间基准法、匹配滤波器法、基于 FFT 的频域快速捕获算法等。其中最常用的是滑动相关搜捕法、序贯估值搜捕法、匹配滤波器法和基于 FFT 的频域快速捕获算法[51-55]。下面依次进行介绍。

1. 滑动相关搜捕法

相关的基本原理就是相乘加积分。它是利用 PN 码序列尖锐的自相关特性作相关检测。当收发两序列相位差为 0 时,自相关函数值为 1;当相位差不为 0 时,自相关函数值急剧下降。

滑动相关法是指接收系统在搜索同步时,它的码序列发生器以与发射机码序列发生器不同的速率工作,致使这两个码序列在相位上互相滑动,只有在达到一致点时,才停下来。由于滑动相关器对两个 PN 码序列按顺序比较相关,所以该方法又称顺序搜索法。滑动相关器法是一种最简单、最实用的捕获方法,其工作原理如图 4.13 所示。

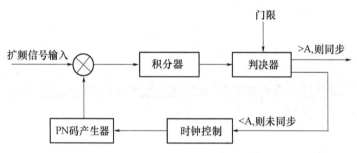

图 4.13 滑动相关器捕捉系统框图

具体过程是:用一个与发射端扩频码码型相同的本地扩频码序列与变频后的接收扩频信号相乘,经积分或累加运算后,结果与一个门限进行比较,以此来判断本地码序列是否与接收 PN 码序列同步。如果未同步,通过时钟控制电路更新本地码序列的相位,相对滑动 1 个或半个码片周期,进行下一个检测。如此反复,直到同步,然后停止滑动搜索,转入跟踪状态。由于滑动相关器对两个 PN 码序列是顺序比较相关的,所以这种方法又称为顺序搜索法。由于滑动相关器简单,应用很广。它的缺点在于当两端 PN 码的钟频相差不多时,相对滑动速度很慢,导致搜索时间过长。现在常用的一些搜索方法大多在此法的基础上,采取一些措施来限定搜索范围或加快搜捕的时间,从而改善其性能。

2. 序贯估值法

序贯估值法是为解决长码搜捕时间过长的问题而提出来的,它把收到的 PN

码序列直接注入到本地码发生器的移位寄存器中,强迫改变各级寄存器起始状态,使其产生的 PN 码刚好与外来码相位一致,则系统可以立即进入同步跟踪状态。缩短了本地 PN 码与外来 PN 码相位一致所需的时间。

序贯估值法先检测收到码信号中的 PN 码,通过开关,送入 n 级 PN 码发生器的移位寄存器。待整个码序列全部进入填满后,在相关器中,将产生的 PN 码与收到的码信号进行相关运算,在比较器中将所得结果与门限进行比较。若未超过门限,则继续上述过程。若超过门限,则停止搜索,系统转入跟踪状态。理想情况下,捕获时间 $T_S = nT_C$(T_C 为 PN 码片时间宽度)。该方法捕获时间虽短,但存在一些问题,它先要对外来的 PN 码进行检测,才能送入移位寄存器,要做到这一点有时很困难。另外,此法抗干扰能力很差,因为逐一码片进行估值和判决,并未利用 PN 码的抗干扰特性。但在无干扰条件下,它仍有良好的快速初始同步性能。

3. 匹配滤波器搜捕法

滑动相关捕获是让本地扩频序列作相位滑动来求得与接收扩频序列的同步,这个过程要通过两序列相关检测与积分判决来完成。由于滑动相关法要做大量的相乘累加运算,所以相位滑动搜索速度较慢,平均捕获时间较长。如果本地设置一个静止的扩频序列,让接收序列滑过本地序列作相关运算,每一时刻都会产生一个相关结果。当滑到两序列相位对齐时,必有一个相关峰值出现。检测到这个相关峰,就用它启动另一个相同相位状态的本地序列发生器,该本地序列必然是与接收序列同步的。显然,在 PT_C(P 是 PN 码的周期,T_C 是码片宽度)秒的序列长度时间内,序列所有可能的相位状态都被搜索一遍,如果检测正确的话,捕获时间就等于 PT_C。由于相位搜索速度快,所以捕获时间大大缩短。这种捕获方式相当于在本地设置一个接收序列的匹配滤波器,所以也称为匹配滤波器捕获方式。匹配滤波器法同步的原理如图 4.14 所示,接收到的扩频信号首先变成合适的中频信号,此时仍为宽带扩频信号,在匹配滤波器内与本地 PN 码序列连续地进行相关处理,任何时刻的相关结果都与一个门限相比较,如果超过了门限,则表明此时刻本地 PN 码序列的相位与接收码序列相位是同步,同步过程即告完成。

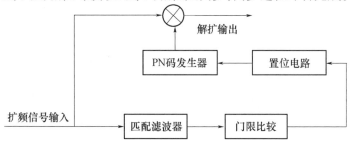

图 4.14　匹配滤波器捕捉系统框图

匹配滤波器法能够有效地抑制噪声,提高接收端的信噪比,在许多通信领域中已有广泛的应用。传统的通信接收机中,匹配滤波在模拟域实现,设计对各种可能信号匹配的滤波器一直是一个难题,而在软件接收机中,数字匹配滤波很容易由软件或可编程硬件精确实现,改变滤波器的系数就可以对不同信号匹配。因此,数字滤波器具有很高的灵活性。

4. 基于 FFT 的频域快速捕获算法

FFT 的频域快速捕获算法,充分利用时域信号的卷积对应于频域信号的乘积的特性,将时域两信号大量的卷积运算变为频域的乘积运算,实现快速捕获,其原理如图 4.15 所示。假设,$S(n)$ 为接收到的 PN 码信号,$Y(n)$ 为本地产生的 PN 码信号,则 $S(n)$ 与 $Y(n)$ 的相关可以表示为

$$
\begin{aligned}
Z(n) &= \sum_{m=0}^{N-1} S(m)Y(n+m) = S(n) \otimes Y(-n) \\
&= \mathrm{IFFT}(\mathrm{FFT}(S(n)) \times \mathrm{FFT}(Y(N))^*)
\end{aligned} \tag{4.13}
$$

其捕获原理图如图 4.15 所示,捕获过程大致如下:

(1) 从输入信号中取出一段数据 $s(n)$ 与本地产生的具有不同频偏的载波信号 $x_i(n)$ 进行相乘运算。将相乘结果进行 DFT 变换,转化到频域,运算结果记作 $s_i(k)$;

(2) 对本地产生的 C/A 码 $c(n)$ 进行 DFT 运算得到 $C(k)$,取复共轭 $C^*(k)$;

(3) 将 $s_i(k)$ 和复共轭 $C^*(k)$ 相乘,输出结果为 $D_i(k)$;

(4) 对 $D_i(k)$ 进行 DFT 的逆运算 IDFT 变换到时域 $d_i(n)$,并取绝对值 $|d_i(n)|$;

(5) 在 $|d_i(n)|$ 中找到最大的相关峰值,并与预先设定的阈值比较,如果超过阈值,则根据 $|d_i(n)|$ 对应的第 i 个载波频率和第 n 个码相位计算出捕获后载波频率估计量 f_0 和码偏估计量 Δ;

(6) 用上述过程得到的码偏估计值 Δ 去除数据段中的 C/A 码,结果与 $f(j) = f_0 + f_S \times j$ 个频率分量进行相关运算(f_S 为精捕获频率搜索步长),找出相关峰,并确定最后的捕获结果。

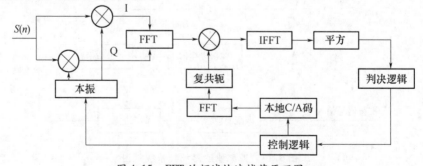

图 4.15　FFT 的频域快速捕获原理图

4.5.2 PN 码的生成

PN 码生成通常采用反馈移位寄存器实现。图 4.16 为两级反馈移位寄存器异或后输出。通常 PN 码的时钟由数控振荡器驱动。通过改变数控振荡器的频率字和初相,即可改变和移动 PN 码的速率。

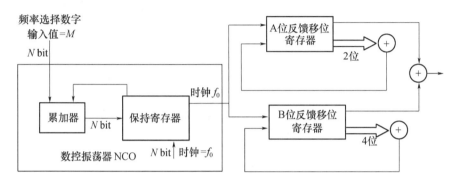

图 4.16 FPGA 中 PN 码生成框图

4.5.3 滑动相关捕获

滑动相关搜捕方法对卫星信号进行捕获。大致的捕获原理如图 4.17 所示。

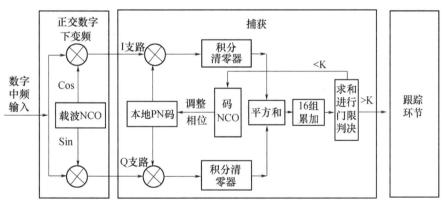

图 4.17 正交下变频与捕获原理框图

通过不断移动本地产生的 PN 码,与正交下变频的数字基带信号进行相关,依靠 PN 码自身良好的自相关特性,当本地 PN 码与接收的 PN 码对齐时,其相关值将会出现一个明显的峰值。对相关值进行判决,即可判断是否捕获到卫星信号。具体的捕获过程如图 4.18 所示。

以单个波束信号的捕获为例,操作过程如下。

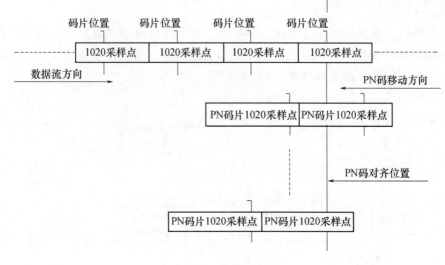

图 4.18　捕获操作图

中频 12.25MHz,带宽 8.16MHz 的模拟中频信号经过 16.32MHz 采样后,再经过正交下变频处理,卫星信号中的频率 5.08MHz、周期 255 个码片的 PN 码被采样成 1020 个点。每次取出正交下变频后的 I、Q 两路数据各 1020 点,与本地生成的一个周期(1020 点)的 PN 码进行相关。

对于接收到的卫星信号,其 PN 码的起始位置随机性大。本地根据相关的判决情况,不断地修改本地 PN 码的相位,通过每次移动 0.25 个码片的滑动方法,与 1020 个正交下变频的数据点不断地进行相关。采用非相干累加的方法,取 I、Q 两路相关值的模的平方,将结果与门限阈值进行比较,完成判决。为了实现对弱信号的捕获和增强捕获效果,我们在保持本地 PN 不移动的情况下,累加 16 组 1020 个点的相关值的模的平方,用该值与门限阈值进行比较,判决是否捕获。如果没有超过阈值则移动本地 PN 码 0.25 个码片与接下来的数据继续相关,如此循环操作,必会在一个 PN 码周期内的某个时刻相关值达到门限条件,捕获成功。

我们利用 ISE 开发工具中自带的 CHIPSCOPE 软件可以对 FPGA 中的捕获峰值数据进行实时的跟踪,观察相关值变化情况。CHIPSCOPE 软件界面如图 4.19 所示。

从接收机上电开始,以 1/2 码片为步进量,不断移动 PN 码相位与接收到的卫星信号进行相关,通过 CHIPSCOPE 对相关值进行实时跟踪,并将相关值数据导入 MATLAB 中,可画出其相关值变化趋势如图 4.20、图 4.21 所示。

图 4.21 中明显可先看到在码片移动一个周期内,相关值有一个明显的峰值出现。将图 4.21 放大,取其相关峰值突出部分,可得图 4.22。

78

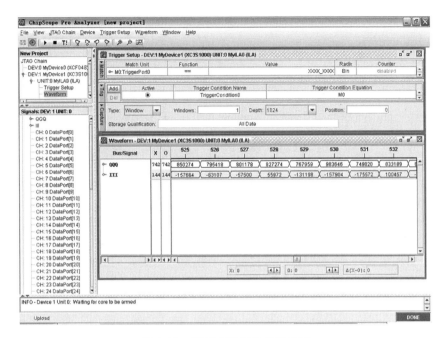

图 4.19　CHIPSCOPE 软件界面图

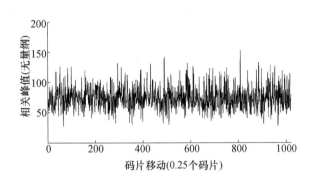

图 4.20　未捕获到信号效果图

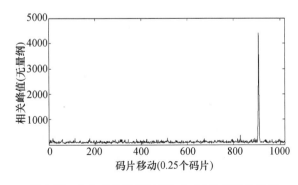

图 4.21　1 个码片周期(1020 个点)的捕获效果图

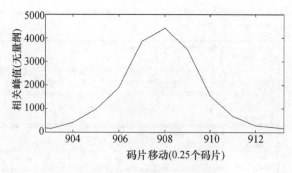

图 4.22 捕获峰值效果图

从图 4.22 中,我们可以看到 PN 码的自相关特性。当本地 PN 码片移动 908 个 0.25 码片(移动 227 个码片)时,相关值出现极值情况。随着本地 PN 码与接收信号的相位拉开,极值变化趋势极陡。当相差 1 个码片时,在点 905 和点 912 处,极值趋于零值,峰值消失。图 4.23 为 4 个码片周期内的相关值变化情况。

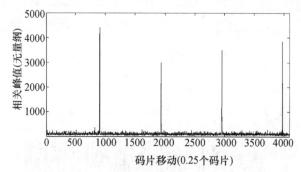

图 4.23 4 个码片周期 5080 个点的捕获效果图

4.5.4 载波环与码环跟踪

捕获到卫星信号后,本地 PN 码停止滑动,转入跟踪环节。所谓跟踪,是使本地码的相位一直跟随接收到的 PN 码相位改变,与接收到的 PN 码保持较精确的同步的过程。跟踪过程中,跟踪环路不断校正本地序列的时钟相位,使本地序列的相位变化与接收信号相位变化保持一致,实现对接收信号的相位锁定,使同步误差尽可能小,正常接收卫星信号。跟踪是闭环运行的,当两端相位出现差别后,环路能根据误差大小自动调整,减小误差,因此同步系统多采用锁相技术。

由于卫星的运动产生了多普勒频移,如果未添加跟踪环路对其进行剥除,解扩出来的 I、Q 两路数据如图 4.24 和图 4.25 所示。

从图 4.24 和图 4.25 中可以看出捕获后的 I、Q 两路数据中含有明显的载波分量,很难从中分离出信号和噪声,提取出导航电文信息比特。

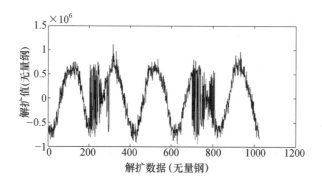

图 4.24 Ⅰ路未跟踪解扩效果图

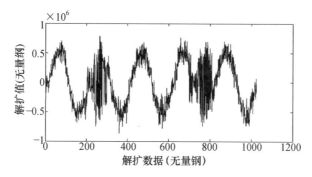

图 4.25 Q 路未跟踪解扩效果图

为了分离出信号和噪声,提取出导航电文信息比特,本设计在跟踪中使用了载波跟踪环(PLL)和码跟踪环(DLL)。

1. 载波环跟踪

载波跟踪环用于对卫星信号中的载波多普勒频移进行跟踪。通过不断校正正交数字下变频同相和正交分量的 f_D(多普勒估算值),如式(4.14)所示。使正交数字下变频后的信号频率保持在基频位置,剥除掉载波多普勒频移。

载波跟踪环由载波预检测积分器、载波环鉴别器和载波环滤波器构成。其中载波环鉴别器确定了载波环的跟踪类型。本文中,我们选择的鉴别器为 ATAN(Q_{PS}/I_{SP}),亦即一个科斯塔斯环(Costas)。其载波跟踪环路框图如图 4.26 所示,经过正交数字下变频后的 Ⅰ、Q 两路信号与 PN 码相乘,完成解扩,经过积分清零器,可得到 I_{PS} 和 Q_{PS} 两组数据。经过鉴相器,我们将鉴相结果 ATAN(Q_{PS}/I_{PS})送入环路滤波器中对多普勒频移量进行精确估计,可得估计值 f_D,按照 NCO 的频率控制字 M 公式:

$$f_0 = \frac{f_S}{2^N}M \tag{4.14}$$

式中:f_0 为输出频率;f_S 为输入频率;N 为 NCO 的位数;M 为 NCO 频率控制字。

可得：

$$(f_0 + f_D) = \frac{f_S}{2^N}(M + \Delta M) \Rightarrow \Delta M = \frac{f_D \cdot 2^N}{f_S} \tag{4.15}$$

式中：f_D 为环路滤波后的多普勒频移精确估计值；ΔM 为 NCO 频率控制字的改变量。

用 ΔM 调节载波数控振荡器 NCO 的频率控制字 M，从而达到对 NCO 产生的 COS 和 SIN 映射的频率值的精确调整，完成信号载波多普勒频移的剥除。

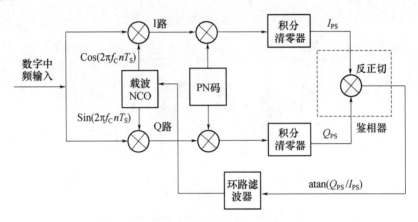

图 4.26　载波跟踪环路框图

2. 码环跟踪

码环用于对卫星信号中的 PN 码相位进行精确跟踪，使得本地的 PN 码相位与接收信号的 PN 码相位保持一致，通过不断调整 PN 码发生器中的 NCO 的频率控制字 M，如图 4.27 所示，使得本地 PN 码与接收信号的 PN 码频率保持高度一致，从而达到两者相位同步，剥除 PN 码的多普勒频移。

码跟踪环也是由预检测积分器、码环鉴别器和码环滤波器构成。本文中的码跟踪环，采用了超前、滞后环的方法。首先，本地 PN 码生成器产生出 3 路 PN 码，分别为超前码、即时码和滞后码，其中超前码与即时码相位差为 0.25 个码片，同样，滞后码与即时码的相位相差 0.25 个码片。将下变频后的 I 路、Q 路两路数据分别与 PN 码产生的超前、滞后码相乘，则会得到超前 I 路 E_I，滞后 I 路 L_I；超前 Q 路 E_Q 和滞后 Q 路 L_Q 四组数据，对该四组数据进行一个码片周期的积分，可得 $E_{Q\Sigma}$、$E_{I\Sigma}$、$L_{Q\Sigma}$、$L_{I\Sigma}$ 四组数据，再对该四组数据的 32 组积分值累加可得 Q_{ES}、Q_{LS}、I_{ES}、I_{LS}。再求超前 I、Q 和滞后 I、Q 的平方和，可得值 E 和 L。采用鉴相器：

$$\frac{1}{2} \times \frac{E - L}{E + L}$$

82

式中：

$$E = \sqrt{I_{ES}^2 + Q_{ES}^2}, L = \sqrt{I_{LS}^2 + Q_{LS}^2}$$

$$I_{ES} = \sum_1^{32} E_{I\Sigma}, Q_{ES} = \sum_1^{32} E_{Q\Sigma}, I_{LS} = \sum_1^{32} L_{I\Sigma}, Q_{LS} = \sum_1^{32} L_{Q\Sigma}$$

对超前、滞后码进行鉴相，将鉴相结果送入环路滤波可以得到精确的频率估计值f_D。按照 NCO 的频率控制字 M 公式：

$$f_0 = \frac{f_S}{2^N} M \tag{4.16}$$

式中：f_0 为输出频率；f_S 为输入频率；N 为 NCO 的位数；M 为 NCO 频率控制字。

可得：

$$(f_0 + f_D) = \frac{f_S}{2^N}(M + \Delta M) \tag{4.17}$$

式中：f_D 为环路滤波后的多普勒频移精确估计值；ΔM 为 NCO 频率控制字的改变量。

用 ΔM 调节码环数控振荡器 NCO 的频率控制字 M，从而达到本地 PN 码与接收信号 PN 码相位的精确对齐。

其码环跟踪环路框图如图 4.27 所示。

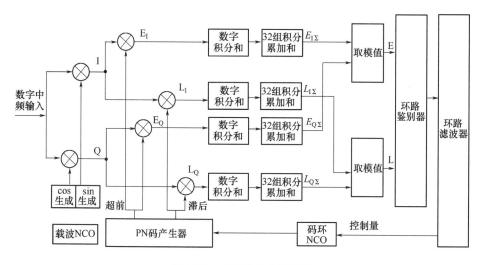

图 4.27　码环跟踪环路框图

完成了载波和码的跟踪后，解扩出的 I、Q 两路数据如图 4.28 所示，明显可以看到卫星电文数据和噪声已分离开来，其中 Q 路为卫星电文数据，I 路为噪声。

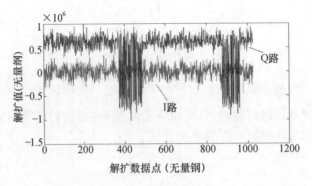

图 4.28 跟踪后解扩效果图

4.5.5 环路滤波器

环路滤波器的作用是降低噪声以便在其输出端对原始信号产生精确的估计。环路滤波器的阶数和噪声带宽也决定了环路滤波器对信号的动态响应。环路滤波器的输出信号实际上要与原始信号相减以产生误差信号,误差信号再反馈回滤波器输入端形成闭环过程。

图 4.29 表示出了各阶模拟滤波器的框图,模拟积分器用 $1/s$ 表示,这是时域积分函数的拉普拉斯变换。输入信号由乘法系数相乘,然后如图 4.30 所示进行处理。这些乘法系数和积分器的数量完全决定了环路滤波器的特性。表 4.4 对这些滤波器的特性做了概括,并提供了为计算一阶、二阶和三阶环路滤波器的滤波器系数需要的所有信息。为完成整个设计只需确定滤波器的阶数和噪声带宽。

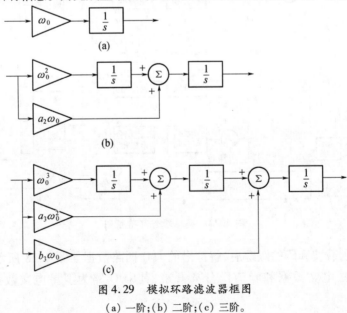

图 4.29 模拟环路滤波器框图

(a) 一阶;(b) 二阶;(c) 三阶。

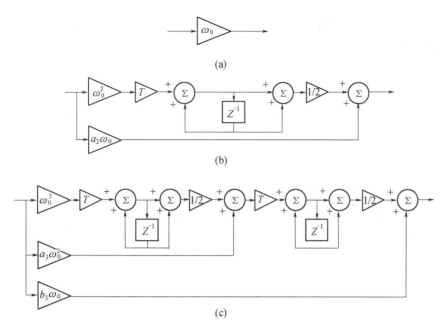

图 4.30　数字环路滤波器方框图

（a）一阶；（b）二阶；（c）三阶。

表 4.4　环路滤波器的特性

环路阶数	噪声带宽 B_n/Hz	滤波器的典型值	稳态误差	特性
1	$\dfrac{\omega_0}{4}$	ω_0 $B_n = 0.25\omega_0$	$\dfrac{(\mathrm{d}R/\mathrm{d}t)}{\omega_0}$	对速度应力敏感
2	$\dfrac{\omega_0(1 + a_2^2)}{4a_2}$	ω_0^2 $a_2\omega_0 = 1.414\omega_0$ $B_n = 0.53\omega_0$	$\dfrac{(\mathrm{d}^2 R/\mathrm{d}t^2)}{\omega_0^2}$	对加速度应力敏感
3	$\dfrac{\omega_0(a_3 b_3^2 + a_3^2 - b_3)}{4(a_3 b_3 - 1)}$	ω_0^3 $a_3\omega_0^2 = 1.1\omega_0^2$ $b_3\omega_0 = 2.4\omega_0$ $B_n = 0.7845\omega_0$	$\dfrac{(\mathrm{d}^3 R/\mathrm{d}t^3)}{\omega_0^3}$	对加速度应力敏感

本节针对导航卫星为同步轨道卫星开展研究,由于同步地球轨道卫星具有运动慢、位置比较固定的特点,拟采用二阶的环路滤波器,如图 4.30(b)所示。其算法公式为

$$y(n) = y(n-1) + r_1 \times x(n) - r_2 \times x(n-1) \qquad (4.18)$$

式中:$x(n)$ 为输入的鉴相器结果;$y(n)$ 为输出的频率改变量;$r_1 = C_1 + C_2$;$r_2 = C_1$;$C_1 = (1.414 \times W_x)/\mathrm{temp}$;$C_2 = (W_x \times W_x)/\mathrm{temp}$;$W_x = 1.887 \times B_n \times t_s$;$\mathrm{temp} =$

$1 + 0.707 \times W_x + W_x \times W_x$；$B_n$：环路滤波器噪声带宽；$t_s$：1020 个点通过环路滤波器的时间。

经过环路滤波器处理后，可以得到了环路的频率改变量。由下式可以推出环路滤波器的输出值与 NCO 的改变之间的对应关系。

$$f_0 = \frac{f_S}{2^N} \times M \Rightarrow M = \frac{2^N}{f_S} \times f_0 \tag{4.19}$$

$$(M + \Delta N) = \frac{2^N}{f_S} \times (f_0 + \Delta f) \Rightarrow \Delta N = \frac{2^N}{f_S} \times \Delta f \tag{4.20}$$

式中：f_0 为 NCO 输出频率；f_S 为 NCO 的输入时钟频率；M 为 NCO 的频率控制字；ΔN 为频率控制字的改变量；Δf 为环路滤波器的输出。

载波环和码环的鉴相结果，经过环路滤波处理后能对其多频率频移进行精确的估计。环路滤波是剥离载波和码相位同步不可或缺的环节。

4.6　Viterbi 译码

Viterbi 译码是对卷积码的一种最大似然译码，译码的过程是在树状图或网格图中选择一条路径，使相应的译码序列与接收到的序列之间的距离最小，通常把可能的译码序列与接收序列之间的距离称为量度。由贝叶斯公式和欧式距离的定义可推导出，最大似然译码也就等价于最小欧氏距离译码。基于网格图搜索的译码便是实现最大似然软判决的重要方法和途径。最大似然译码要求在网格图上所有可能的路径中选一条具有最大度量的路径，当消息序列长度为 L 时，可能的路径数目有 $2L$ 条，于是随着路径长度 L 的增加，可能的路径数以指数型增加。若对每条可能路径计算相应的路径度量，然后比较它们的大小，选取其中最大者，显然是不实用的。用网格图描述时，由于路径的汇聚消除了树状图中的冗余度，译码过程中只需考虑整个路径集合中那些使似然函数最大的路径。如果在某一点上发现某条路径已不可能获得最大对数似然函数，就及时放弃这条路径，然后在剩下的"幸存"路径中重新选择路径，这样一直进行到发送序列发送完毕。由于这种方法较早地丢弃了那些不可能的路径，从而减轻了译码的工作量。

CRC 校验是数据通信领域中最常用的一种差错校验码，其特征是信息字段和校验字段的长度可以任意选定。

卫星导航信号通常采用 Viterbi 编码的方式增强其信息冗余性和抗干扰性。

4.6.1　Viterbi 译码原理

下面以(7,5)卷积编码为例，阐述采用回溯法进行 Viterbi 译码的原理和过程。(7,5)的卷积编码原理图如图 4.31 所示。

其状态转移图为图 4.32。

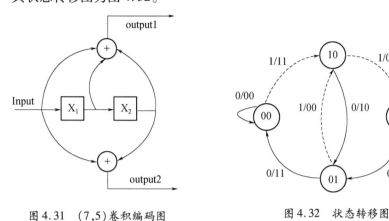

图 4.31 (7,5)卷积编码图   图 4.32 状态转移图

图中实线、虚线分别对应输入信息为 0,1。

Viterbi 译码的过程即为找寻与接收序列路径最短的发射序列。如求接收序列:"11 10 11 00 11 00 11"最可能的发送序列,Viterbi 译码过程如下:

第一站:寄存器从全零状态开始,按照状态转移图中的转移规则,进入下一状态。由于输入值可能为'0',或为'1',第一站的状态值有两种情况,分别记录下各个状态的距离。其中:图 4.33 中,最上方为接收序列;实线表示状态转移路径;线上数字表示分支距离;其他数字表示输出值。

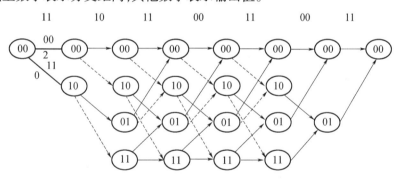

图 4.33 Viterbi 译码的第一站

第二站:寄存器接着第一站的状态,根据输入不同,转移到四个不同的下一状态。计算出各分支的路径和累加路径,如图 4.34 所示。其中:单个数字表示累积路径。

第三站:寄存器接着第二站的状态,根据输入不同,转移到四个不同的下一状态。继续计算出个分支的路径和累加路径。并判断出到达各个状态的最短累加路径,保留其最短路径,舍弃其他路径,如图 4.35 所示。其中:虚线为到达各状态距离过长而舍弃的路径。

87

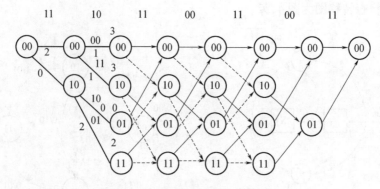

图 4.34　Viterbi 译码的第二站

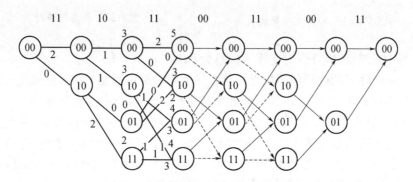

图 4.35　Viterbi 译码的第三站

如此重复,一直到最后一站,可得到如图 4.36 所示的结果。

到达最后一站后,可以找到整个过程的最短路径,并由该最短路径可以找出途径各个状态的输入值,即译码数据。图 4.36 中,实线为最短路径。选取该实线所标识的最短路径,我们可以得出译码后的数据应该为:"1 0 0 0 1 0 0"。

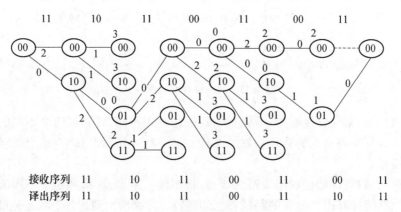

| 接收序列 | 11 | 10 | 11 | 00 | 11 | 00 | 11 |
| 译出序列 | 11 | 10 | 11 | 00 | 11 | 10 | 11 |

图 4.36　最终译码结果图

从图 4.36 中可以看出,最后的累加路径值最小值为 1,不等于 0,说明接收到的数据和发送的数据并不完全相同,接收过程中存在着信号干扰,导致接收出现误码。

4.6.2 基于 DSP 的译码实现

本书的 Viterbi 译码过程在 DSP 中实现,采用了 5 级反馈回溯法进行实时译码。

译码过程大致如下:首先,进入译码的每两位数据先进行判决,再算出它与四种输出状态"00"、"01"、"10"、"11"的距离值。计算出在前一站的各个状态下,输入"0"或"1"时,到达本站的状态转移中其输出值与四种输出状态的支路距离,并与当前站各状态下对应的累加距离相加,可得到本站各状态对应的距离累加值。比较其大小,仅保留本站各状态对应的最短距离,并比较该站各个状态的距离累加值中最小的距离,记录下最短距离的路径;把各站状态的输入值和状态输出值分别存入两组,8 个存储器中,存储方法以前一站状态为内容,本站状态为地址,用于以后回溯查询状态值和输入值。

存储器的写入方法和过程如图 4.37 所示。

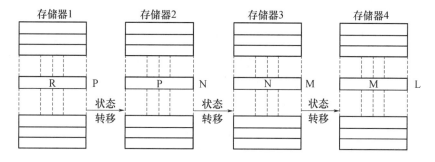

图 4.37 存储器中记录状态转移图

当前最短路径状态为 R,下一状态为 P,则在存储器 1 的地址 P 处写入 R。如此循环,当存储器 4 写完后,循环写入到存储器 1 中。这样可将最短路径的状态转移过程循环存于四个状态转移存储器中,如图 4.38 所示,用于回溯查询。

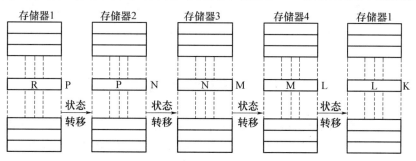

图 4.38 存储器中记录状态转移循环图

89

程序运行至第四个存储器已写好值时,开始进行回溯查询。同时存储器状态循环更新写入。回溯过程如图 4.39 所示。

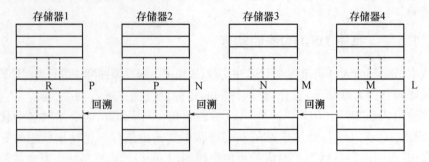

图 4.39　存储器中回溯状态图

由当前存储器的最短路径的状态存储值,状态 L 开始回溯,取出存储器 4 中地址 L 处的内容 M,作为往下回溯的地址,回溯存储器 3 中地址 M 的内容 N,依次往前回溯到存储器 1 中地址 P 的内容 R。

下一次回溯时从存储器 1 开始,依次回溯到第四个存储器的内容作为结果送出。

译码的输出值是伴随着状态进行存储和回溯的,即有一组相同的 65 位深的存储器 1、2、3 和 5,用于存储状态对应的输出值,其写入与回溯过程中存储器的地址以状态存储值的写入和回溯地址值相通,即用状态值作为索引,回溯出输出值,作为译码的输出值。其过程如图 4.40 所示。

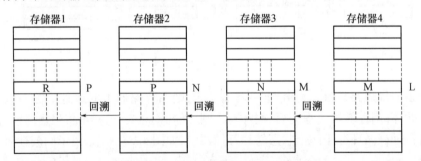

图 4.40　存储器中回溯输出值图

4.7　CRC 校验

循环冗余校验码(Cyclic Redundancy Check,CRC)是数据通信领域中最常用的一种差错校验码,其特征是信息字段和校验字段的长度可以任意选定。

利用 CRC 进行检错的过程可简单描述为:在发送端,根据要传送的 k 位二进制码序列,以一定的规则产生一个校验用的 r 位监督码(CRC),附在原始信息后边,构成一个新的二进制码序列数共 $k+r$ 位,然后发送出去。在接收端,根据信息码和 CRC 之间所遵循的规则进行检验,以确定传送中是否出错。这个规则,在差错控制理论中称为"生成多项式"。

如 CRC 校验生成多项式为: $x^{16}+x^{12}+x^5+1$,图 4.41 为其 CRC 校验框图。

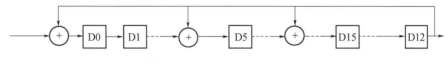

图 4.41   CRC 校验框图

该图为除法电路,商移位输出,余数存储在 D0 ~ D15。余数为 0,表示 CRC 校验正确。

4.8   解帧和解电文

Viterbi 译码和 CRC 校验正确后,可以根据电文的格式,解出各帧的帧号,并提取出卫星广播的导航电文信息比特。然后按照电文的格式,将各帧中提取出的广播导航电文信息比特整合成电文信息。

导航卫星广播导航电文信息,采用每分钟广播一个超帧(包括了 1920 个分帧)的形式。每一个分帧包括了 250 bit,其中用作帧标志的 7 bit 巴克码,不进行卷积,剩下的 253 bit 进行卷积编码得到 586 bit 信息。当我们成功对一分帧进行 Viterbi 译码和 CRC 校验后,我们可以提取出该帧中所广播的电文信息比特。然后按照电文信息所包括的分帧号,对相应的分帧中的信息比特进行提取和整合,从而解出卫星导航电文信息。

以解卫星电文中时刻信息为例。电文中时刻信息为 20 bit,包括在超帧中的 a – b 帧的分帧信息中。首先我们对译码后解出的各个分帧号进行判断,如果在 a – b 帧的范围内,则将该帧中广播的信息比特提取出来,并按照 a – b 帧的序号整合成一个 20 bit 的信息比特。将该 20 bit 的信息比特,按照定义的格式,我们可以解得卫星导航电文信息中的时刻值。如法炮制,我们可以将所有的卫星导航电文信息都解出来。

在 DSP 中实现时,为了防止连续的 a – b 帧中某帧出现误帧,影响电文的解算,我们根据卫星导航电文信息每超帧中重复广播特性,从下一次广播中的相应分帧中提取出所缺少的分帧信息比特,再重新组合出完整的电文信息比特。同样以解卫星导航电文中时刻信息为例,根据卫星导航电文广播的重复性,我们采用如图 4.42 所示的信息容错处理。

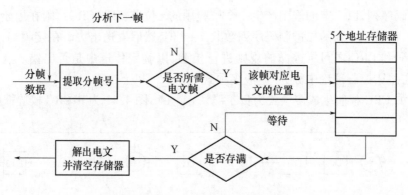

图 4.42　冗余法解电文流程图

如图 4.42 所示,对进来的一分帧数据首先解出该分帧的分帧号,对分帧号进行判断,是否属于所需解读的时刻电文信息,如果对应上,则将该分帧的信息比特按照在整体信息比特中的排序存入到存储器中。如此不断地对分帧号进行判断选择,当所需的信息比特在存储器中存满时,整合电文信息,解出时刻电文信息,并清空存储器。

参 考 文 献

[1] Pratap Misra,Per Enge. Global Positioning System Signals,Measurements,and Performance[M]. Bei Jing: Publishing House of Electronics Industry,2008.

[2] Elliott D. Kaplan,Christopher J. Hegarty. Understanding GPS Principles and Applications,Second Edition [M]. Beijing:Electronics Industry,2007.

[3] JAMES BAO – YEN TSUI. Fundamentals of Global Positioning System Receivers A Software Approach,Second Edition[M]. Beijing:Electronics Industry,2005.

[4] Bernard Sklar. Digital Communications Fundamental and Applications[M]. Bei Jing:Publishing House of Electronics Industry,2005.

[5] 廖晰,张晓林,王宇恒. GPS 信号捕获跟踪环路的研究及实现[J]. 电子测量技术,2009,32(2):36 – 37.

[6] 徐卫明,刘雁春,朱穆华. GPS 中频信号快速捕获技术分析[J]. 测绘科学,2007,32(5):98 – 100.

[7] 巴晓辉,李金海,陈杰. 一种 GPS 软件接收机自适应门限快速捕获算法[J]. 信息与控制,2007,36(1): 97 – 99.

[8] 李春宇,张晓林,张超,等. 遗传算法在微弱 GPS 信号捕获方法中的应用[J]. 航空学报,2007,28(6): 1531 – 1533.

[9] 魏敬法. GPS 信号快速捕获的 FPGA 实现[D]. 北京:中国科学院国家授时中心,2005(5).

[10] 葛磊,夏标. 基于 FPGA 的直接数字频率合成器的设计[J]. 中国集成电路,2008,17(9):76 – 79.

[11] 谢世珺,马金岭,李永超. 卫星通信中基于 DSP 的 Viterbi 算法的实现[J]. 电子工程师,2008,35(10):20 – 22.

[12] 王建新,于贵智. Viterbi 译码器回溯算法实现研究[J]. 电子与信息学报,2007,29(2):278 – 279.

[13] 南利平. 通信原理简明教程[M]. 北京:清华大学出版社,2002.

[14] 战兴文. BOC 调制技术研究[J]. 信息技术,2006,6.

[15] 汤愈颖,兰宏志. BOC(10,5)信号的调制与解调[J]. 电讯技术,2007,47(6):158 – 162.

[16] Fine P,Wilson W. Tracking Algorithm for GPS offset Carrier Signal[C]. Proceedings of ION 1999 San Die-
go,1999:671 – 676.

[17] Burian A, Lohan E S,et al. Efficient Delay Tracking Methods with Sidelobes Cancellation for BOC – Modu-
lated Signals[J]. EURASI PJournal on Wireless Communication and Networking,2007:1 – 20.

[18] 易翔. Galileo E1 信号特征及其软件解调[J]. 电子信息对抗技术,2009,24(1):38 – 42.

[19] Lin V S, Dafesh P A, Wu A, et al. Study of the Impact of False Lock Points in Subcarrier Modulated Ran-
ging Signal and Recommended Mitigation Approaches[C]. ION 59 th Annual Meeting Proceedings. ION
2003:156.

第 5 章　时延计算与补偿

本章对卫星授时的时延进行详细的分析,这里时延是指广义的时延,是指可以精确计算的时间间隔,可以是正时延或负时延。时延通常包括由卫星有关的延时、信号传播延时和接收机自身的延时。卫星有关的延时包括卫星钟差、相对论效应、卫星信号发射延时;信号传播延时包括电离层延时、对流层延时和多径误差;接收机自身的延时则包括天线相位中心误差、信号在各环节的延迟、信号处理延迟、时钟误差、电子噪声误差等。接收机利用信号捕获和跟踪,恢复出初始的时标,计算出总延迟,利用数控振荡器合成出本地精确的秒脉冲。

5.1　与卫星有关的时延计算

5.1.1　卫星钟差

卫星钟差是指卫星本地时间与系统时间之间的偏差。虽然导航卫星采用了多个星载原子钟组成的原子钟组,但由于星载环境对体积、质量的限制以及空间环境的复杂性,星载原子钟组的性能要低于地面时钟,一般哈德曼方差 HDEV 在 $(1 \sim 6) \times 10^{-14}/d$ 之间。以 GPS 为例,GPS 对星载原子钟的需求为 HDEV $< 6 \times 10^{-14}/d$,而目前 GPS ⅡR 的 HDEV 为 $2 \times 10^{-14}/d$[1]。因此随着运行时间的增加,卫星本地时间与系统时间的偏差将逐渐增大。为了避免对星载原子钟频率做频繁的调整,一般等时间偏差到一定程度才实施频率微调。北斗系统保证星上时间与系统时间的偏差为 ±1 ms,而 GPS 保证该偏差在 ±976.53 μs 内[1]。

虽然卫星时间有偏差,但该偏差被地面或星间测控网络精确测得,并被编排到卫星下行电文中,因此用户利用该卫星定时时,将该偏差扣除,即可恢复出系统时间。

卫星钟差的预测一般由以下时间模型产生:

$$\Delta t = a_0 + a_1(t_1 - t_{OC}) + a_2(t - t_{OC})^2 + \Delta t_{grav}$$

t_{OC} 表示时钟数据基准时间,二次项模型的钟差参数 a_0, a_1, a_2 适合于观测的钟差,被安排在导航电文中随轨道参数同时发布;为了传递正确的导航信号,一般采用频率和相位的控制使得钟差小于 1 ms。Δt_{grav} 为相对论效应引起的误差。将在 5.1.2 节阐述。

5.1.2　相对论效应

在牛顿理论中,时间是绝对的,同时性也是绝对的。爱因斯坦对这一结论提出了质疑,从而产生了现代物理学。由光以有限速度传播表明,远距离事件的观测由于光速有限而都表现出一定的时延。如果两个时钟相互之间处于匀速相对运动之中,则它们将保持不同的时间。

由于星载原子钟在距离地球20000km以上高空高速运行,按照相对论理论,其频率与地面静止钟相比,将产生频率偏移。如果卫星做严格的圆周运动,频率偏移将是一个固定值。然而,由于卫星轨道是一个椭圆,在轨道上各点的运动速度不同,因此相对论相应的补偿就不是一个常数。

首先假设卫星做严格的圆周运动,将卫星钟频率调整到10.22999999543MHz,这样海平面用户观测到的频率将是10.23MHz。其次再对剩余误差进行补偿。

设 Δt_{grav} 表示相对论效应,其表达式为

$$\Delta t_{grav} = -\frac{2}{c^2}\sqrt{GM_E a} \cdot e\sin E$$

式中:GM_E 为地球重力参数;c 为光速;e 为轨道偏心率;a 为卫星轨道半长轴;E 为地球轨道的偏近点角。

这种相对论效应最大可达70ns(21m)[1],对卫星时钟进行相对论效应校正会使用户得到更精确的时间。

5.1.3　Sagnac 效应

由于在信号传输时间内地球在自转,所以在 ECEF 坐标系中计算卫星位置会引入一种相对论误差,常称为 Sagnac 效应。其基本原理如图5.1所示,卫星在 t_1 时刻向地面用户发送信号,当信号到达地面时,已是时刻 t_2,此时卫星和用户所在位置分别为 S_2 和 U_2。信号的实际传输距离为 L_1,但用户接收机利用星历计算卫星位置,t_2 时刻计算出卫星位置为 S_2。t_2 时刻卫星与用户的距离为 L_2,由图可见 $L_1 \neq L_2$,两者存在一个偏差,这就是 Sagnac 效应。

在 ECI 坐标系中不会产生 Sagnac 效应,因此常用的校正方法是将在 ECI 坐标系进行计算。设 T_u 为接收机的接收时刻,T_S 为卫星信号传输时间,$(x_{ecef}, y_{ecef}, z_{ecef})$ 为信号发射时卫星位置,则在 ECI 坐标系中该颗卫星位置为

$$\begin{bmatrix} x_{eci} \\ y_{eci} \\ z_{eci} \end{bmatrix} = \begin{bmatrix} \cos\dot{\Omega}(T_u - T_S) & \sin\dot{\Omega}(T_u - T_S) & 0 \\ -\sin\dot{\Omega}(T_u - T_S) & \cos\dot{\Omega}(T_u - T_S) & 0 \\ 0 & 0 & 0 \end{bmatrix}\begin{bmatrix} x_{ecef} \\ y_{ecef} \\ z_{ecef} \end{bmatrix} \tag{5.1}$$

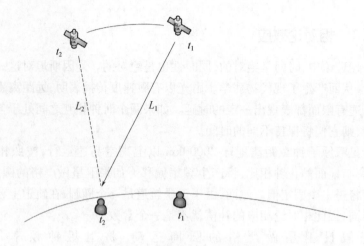

图 5.1　Sagnac 效应产生原理

此外,卫星导航信号还受到地球重力场造成的空间—时间曲率的影响,对于单点定位而言,该种影响将造成 18.7mm 的误差。

5.2　信号传播时延计算

卫星导航信号在上行和下行过程中,因为大气层的影响,信号发生了反射和折射,传播路径发生了改变,对信号传播的延时也因反射和折射的不同而相异。对于大气层对卫星信号的传播的影响,我们可以对大气层的不同结构层份来分析。大气层对卫星信号传播的延时可以分为电离大气层对卫星信号的影响和对流层的影响。此外由于地面环境的复杂性,信号传播延时还包括多径延时。

5.2.1　电离层延时计算

电离层是指位于地球表面以上 70km ~ 100km 之间的大气层区域。在这个区域,太阳紫外线使部分气体分子电离化,释放出自由电子,对电磁波的传播产生影响。当卫星导航信号穿过电离层时,电离层会反射、折射、散射及吸收卫星信号,信号路径产生弯曲且传播速度会发生变化。

电离层的折射率可近似表示为

$$n = 1 - 40.28 \frac{N_e}{f^2} \tag{5.2}$$

式中:N_e 为电子密度(电子数/m^2);f 为电磁波频率。

可见,电离层折射率与大气电子密度成正比,而与穿越的电磁波频率平方成反比。

电离层的存在及其时空变化对卫星与地面之间的电磁波传播产生很大的影

响。对于地面用户而言,视界内的卫星在低仰角时引起的延迟近似于在天顶时的 3 倍;夜间与白天情况又有所不同,垂直入射的信号夜间延迟约为 10ns,而正午时延迟 50ns;低仰角信号夜间延迟 30ns,正午时则可达 150ns。电离层延迟将严重削弱卫星导航定位的精度和准确度,是卫星导航定位系统中的主要误差源之一,采用有效的电离层延迟改正模型可以很好地削弱该误差源的影响。

由于电离层状态受太阳黑子周期、季节周期和日周期所支配,太阳扰动和磁暴又使电离层发生不规则变化,电离层电子密度随太阳活动性、季节、日内时间和地磁纬度等因素变化,难以用一个确定的模型描述。实际上采用的模型大多是根据一定理论构造出来的经验估算模型,通常采用天顶方向的延迟量乘上一个投影函数,来间接求得信号传播路径上的延迟量。根据校正电离层延迟建模对实时性要求的差异,电离层延迟改正模型可分为广播星历用的预报模型、后处理模型、广域差分用的实时模型三类,常见的模型有:单频改正模型、双频改正模型和格网电离层延迟模型等。

下面就电离层延迟单频改正(Klobuchar)模型进行简单介绍:

KIobuchar 提出的电离层模型是一种经验型全球电离层延迟模型。Klobuchar 模型是将电离层中的电子集中到一个单层上,用该单层来代替整个电离层的单层模型,这个单层称为中心电离层。Klobuchar 模型是三角余弦函数形式,其参数设置正考虑了电离层周日尺度上振幅和周期的变化,不需要从更长的周期项上对电离层延迟进行函数展开,直观简洁地反映了电离层周日变化特性。Klobuchar 模型把白天的电离层延迟量看成余弦波中正的部分,而把夜间的延迟量 D 看作常数。余弦波的相位项 TP 也按常数处理,而余弦波的振幅 A 和周期 P,则分别用信号路径与中心电离层交点处的地磁纬度的一个三阶多项式来表示。其时延模型为

$$\tau_{\text{ion}} = \left[D + A\cos\frac{(t - T_{\text{P}})}{P}2\pi \right] \cdot \text{MF} \tag{5.3}$$

也可写为实用公式:

$$\tau_{\text{ion}} = \left[D + A \cdot \left(1 - \frac{x^2}{2} + \frac{x^4}{24} \right) \right] \cdot \text{MF} \tag{5.4}$$

式中:$D = 5$ns 为电离层延迟的夜间值;t 为地方时;$x = \dfrac{t - T_{\text{P}}}{\text{P}}2\pi$,初始相位 $T_{\text{P}} = 50400$s,振幅 A 和周期 P 的计算公式为

$$\begin{cases} A = \alpha_1 + \alpha_2\phi_m + \alpha_3\phi_m^2 + \alpha_4\phi_m^3 \\ P = \beta_1 + \beta_2\phi_m + \beta_3\phi_m^2 + \beta_4\phi_m^3 \end{cases} \tag{5.5}$$

式中:ϕ_m 是电离层穿透点的地磁纬度;α_i 和 $\beta_i (i = 1, 2, 3, 4)$ 是卫星广播的电离层参数,它是根据观测日期和太阳平均辐射流量得到的常数。地面主控站从这

97

些数据中选择部分并编入导航电文中向单频用户发播。

MF 为投影函数,它是将刺穿点天顶方向电离层延迟变换成信号传播方向的电离层延迟。投影函数的计算公式为

$$MF = \frac{R_E}{R_E + h_{ion}} \sin Z \qquad (5.6)$$

式中:Z 为接收机天顶距;R_E 为地球平均半径,一般取为 6371km;h_{ion} 为电离层平均高度,一般取为 350km。

经验表明,Klobuchar 模型一般改正电离层影响的 50% ~ 60% ,理想情况下可改正到 75% ,这主要受两方面因素制约:一是电离层延迟改正全球尺度的参考量降低了 Klobuchar 模型的有效性;二是 Klobuchar 模型自身参数设定的限制。

由于电离层的折射率与电磁波频率的平方成正比,而电离层的延迟与折射率相关,因此可以利用双频接收机做测距测量来消除电离层延迟误差,但在此时测量误差也被组合放大。

5.2.2 对流层延时计算

这里的对流层是指是大气层中从地面向上约 60km 的部分。对流层既能改变卫星信号的传播速度,又能改变信号的传播方向,从而造成信号传播的延迟。对流层的折射率取决于当地的温度、压力和相对湿度。对流层的延迟取决于对流层的折射率,当信号垂直入射其延迟等效距离约为 2.4m,低仰角入射约为 25m 左右。

由于对流层离地面近,所以大气密度远比电离层的密度大,大气的状态也将随着地面的气候变化而变化,这就使得对流层延迟的影响比较复杂。目前,常用的对流层延迟修正模型有:霍普菲尔德(Hopfield)模型、萨斯塔莫宁(Saastamoinen)模型、Black 模型和 Egnos 模型。

下面介绍经典的 Hopfield 模型。该模型是用全球气象探测资料来进行分析的,该模型将大气层分为对流层和电离层两层。总大气延迟:

$$\rho = 10^{-6} k_1 \frac{P_0}{T_0} \frac{H_T - h}{5} + 10^{-6} \left[k_3 + 273(k_2 - k_1) \right] \frac{e_0}{T_0^2} \frac{H_W - h}{5}$$

式中:$H_T = 40136 + 148.72(T_0 - 273.15)$,$H_W = 11000$。

其中:H_T 为干大气层顶高(单位:m);H_W 为湿大气层顶高(单位为 m);P_0 为地面气压(单位为 mbar);T_0 为地面湿度(单位为 T);e_0 为地面水气压(单位为 mbar),h 为相对大地水准面的高度(单位为 m)。参数 $k_1 = 77.6 K^2/mbar$,$k_2 = 71.6 K^2/mbar$,$k_3 = 3.747 \times 10^5 K^2/mbar$。

5.3 接收机延时计算

接收机从接收到卫星信号到恢复出系统时间,这期间存在一个延时。该延时主要可分为两方面:一是天线和馈线的延时;二是信号进入射频通道后,经下变频,信号处理后,恢复出 1 脉冲/s 的延时。

天线和馈线的延时(图 5.2)包括天线头的延时 Δt_1 和馈线的延时 Δt_2;天线头内部的处理流程包括放大和滤波,放大器的延时通过计算信号传输的长度可获得,滤波器的延时通过计算信号传输的长度和滤波器的相移即可获得。馈线的传输通过精确计算信号传输的长度。

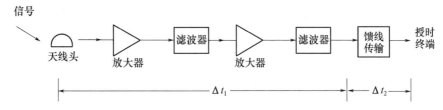

图 5.2 天线和馈线的延时

信号通过天线和馈线的传输,到达设备射频通道的入口,通过混频、滤波和自动增益调节,转为模拟中频。这段延时通常称为射频通道延时 Δt_3。射频通道由频率综合、下变频处理、数控衰减器控制组成。频率综合完成基准频率的锁相倍频,提供下变频处理的本振频率综合;下变频处理采用两级变频方案,完成输入射频信号到中频变换,数控衰减根据输入信号功率实现中频信号的可变增益控制,保证中频信号在 A/D 采样处理有效量化范围。

如图 5.3 所示,射频模块输出的模拟中频经 A/D 转换后变为数字中频,在信号处理单元主要完成载波同步、伪码捕获和跟踪,解调、解扩,帧同步。一旦帧同步后则会产生时标,该时标通常为恢复出的 1 脉冲/s。信号处理部分的延时定义为 Δt_4。因此该 1 脉冲/s 与卫星信号的溯源原始 1 脉冲/s 相比,除了经历上述延时外,还包括了信号从中心站传输到卫星、再从卫星传输到地面的时间延时 Δt_T。该段延时需要将卫星的位置计算出来,进而得到信号传输的延时。将信号传输的延时扣除,即可恢复出原始的 1 脉冲/s。

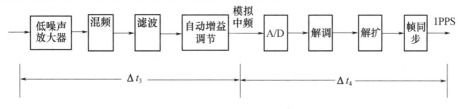

图 5.3 射频通道时延

5.4 GEO 卫星星历预测

RDSS 授时基于 GEO 导航卫星进行。本节主要对 GEO 导航卫星的星历预测进行研究。国际电信联盟(ITU)对 GEO 卫星有定点要求,通常规定卫星运动范围控制在经度和纬度在 ±0.1°以内,径向上在 ±50km 以内(Deadbox)。由于卫星定点处的入轨误差和各种摄动因素对同步轨道的影响,GEO 卫星相对于定点位置存在长期漂移。因此,有别于其他轨道类型的工作卫星,静止卫星在卫星寿命期间内必须定期进行机动,从而对自然摄动加以补偿,即定点保持机动。定点保持是 GEO 卫星长期管理的主要工作之一。图 5.4 是卫星一天的运动位置,从图中可以看出卫星并不是完全静止,而是有一定的漂移,但是漂移具有一定的规律性。

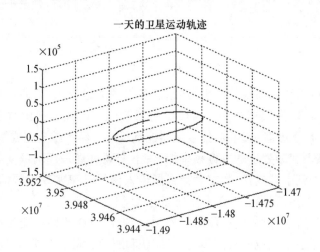

图 5.4　直线模型卫星 X 坐标拟合图

GEO 卫星星历通过控制中心经卫星广播方式进行发送,星历数据是根据地面控制中心跟踪站的观测数据进行外推计算获得,虽然精度很高,但当机动发生后,预报轨道将很快失效,一直到机动结束后一段时间内星历都不能有效使用。北斗系统每分钟发送一超帧,超帧内的卫星位置是地面站发送本超帧首帧时的卫星位置信息,而卫星接收机接收到这一超帧信号时,卫星位置实际上已经发生漂移。从 RDSS 单向授时的基本原理可知,卫星星历是单向授时解算过程中一项重要参数,星历的不准确影响授时精度。为了精确地解算出所需时刻的授时结果,卫星的当前时刻的位置必须快速而准确地计算出来。可以采用直线模型和切比雪夫多项式拟合 GEO 卫星星历的曲线模型。

5.4.1 直线模型

假设地面中心站发送当前超帧时,卫星位置为(X_{wt}, Y_{wt}, Z_{wt}),卫星速度为(V_{WX}, V_{WY}, V_{WZ}),τ_k为接收到的帧信号与超帧从地面站发射的时间差,该时间差可以从解出电文分帧号中获得。则卫星的瞬时位置的获得:

$$(X_{wt}, Y_{wt}, Z_{wt}) = (X_w, Y_w, Z_w) + (V_{WX}, V_{WY}, V_{WZ}) \times \tau_k \qquad (5.7)$$

图5.5是以X坐标为例,采用直线模型对卫星位置进行预测的图形。其中,菱形表示每帧开始时卫星的位置,空心点表示的用当前超帧的位置和速度所预测出的当前超帧内卫星位置,实心点是用第一超帧的位置和速度对21个超帧内卫星位置的预测。用当前超帧的位置信息预测下一超帧的位置信息,实验数据误差小于28m,随着预测时间的增长,误差逐步变大,当到21min后,误差增大到284m,此时不能满足高精度授时。所以,直线模型适合于对一超帧内卫星位置的预测。

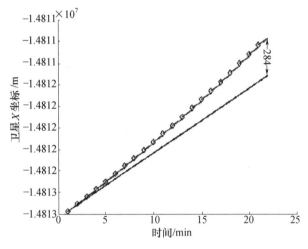

图5.5 直线模型卫星X坐标拟合图

5.4.2 曲线拟合模型

曲线拟合模型指的是采用切比雪夫多项式拟合的卫星星历的模型。切比雪夫多项式拟合的卫星星历算法可以更好地反映出原函数整体的变化趋势,将卫星坐标表示为时间多项式,可以把离散的数据归纳总结成为经验公式,有利于进一步的推演或分析。通过多项式拟合处理后,当需要计算某时间段内的星历时,只需要调出该时间段多项式拟合得出的系数,便可算出卫星坐标。该算法在频繁地求解卫星坐标时,可以提高计算速度,提升结果精度,同时减少了系统内存被大量的星历数据所占用。

最小二乘法是多项式拟合的最普遍的拟合算法,即对于给定的数据点$(x_i, y_i)(i=0,1,2,\cdots,m)$,要求寻找到一个不超过$n(n<m)$次,基底为$\{1,x,x^2,\cdots, x^k\}$的多项式$P_n(x)=\sum\limits_{k=0}^{n}a_kx^k$,使得$\sum\limits_{k=0}^{n}[y_i-P(x_i)]^2$最小,解出$a_0,a_1,\cdots,a_n$。切比雪夫多项系是一种正交多项式系,在实际工程应用中,其常用于近似最佳一致逼近。

切比雪夫多项式为n次代数多项式,定义为$T_n(x)=\cos(narccosx)$($-1\leqslant x\leqslant1$)。由三角恒等式$\cos(n+1)\theta=2\cos\theta\cos n\theta-\cos(n-1)\theta$可得到切比雪夫多项式递推公式:

$$T_0(x)=1 \tag{5.8}$$

$$T_1(x)=x \tag{5.9}$$

$$T_{n+1}(x)=2xT_n(x)-T_{n-1}(x) \tag{5.10}$$

假设要将时间段$[t_0,t_0+\Delta t]$的卫星位置用n阶切比雪夫多项式逼近,其中:t_0表示开始时刻,Δt为时间长度,设$t\in[t_0,t_0+\Delta t]$,将t变换成$\tau\in[-1,1]$:

$$\tau=\frac{2}{\Delta t}(t-t_0)-1 \tag{5.11}$$

则公式变为

$$T_0(\tau)=1 \tag{5.12}$$

$$T_1(\tau)=\tau \tag{5.13}$$

$$T_{n+1}(\tau)=2\tau T_n(\tau)-T_{n-1}(\tau)(|\tau|\leqslant1,n\geqslant2) \tag{5.14}$$

则卫星坐标X、Y、Z的切比雪夫多项式为

$$X(t)=\sum_{i=0}^{n}C_{X_i}T_i(\tau) \tag{5.15}$$

$$Y(t)=\sum_{i=0}^{n}C_{Y_i}T_i(\tau) \tag{5.16}$$

$$Z(t)=\sum_{i=0}^{n}C_{Z_i}T_i(\tau) \tag{5.17}$$

式中:n为切比雪夫多项式的阶数。C_{X_i},C_{Y_i},C_{Z_i}分别为X、Y、Z坐标分量的切比雪夫多项式系数。

下面以卫星坐标分量X为例,讲解如何求解切比雪夫多项式系数。

根据卫星星历提供的$t_k(k=1,2,3,\cdots,m,m\geqslant n+1,n$为选定的多项式阶数)时刻的卫星位置$(X_k,Y_k,Z_k)$,设$X_k$为观测值,则$X_k$的切比雪夫多项式与自身的误差为

$$V_{X_i}=\sum_{i=0}^{n}C_{X_i}T(\tau_k)-X_k(k=1,2,\cdots,m;i=0,1,\cdots,n) \tag{5.18}$$

展开成:

$$\begin{bmatrix} V_{X_1} \\ V_{X_2} \\ V_{X_3} \\ \vdots \\ V_{X_m} \end{bmatrix} = \begin{bmatrix} T_0(\tau_1) & T_1(\tau_1) & T_2(\tau_1) & \cdots & T_n(\tau_1) \\ T_0(\tau_2) & T_1(\tau_2) & T_2(\tau_2) & \cdots & T_n(\tau_2) \\ T_0(\tau_3) & T_1(\tau_3) & T_2(\tau_3) & \cdots & T_n(\tau_3) \\ \vdots & \vdots & \vdots & & \vdots \\ T_0(\tau_m) & T_1(\tau_m) & T_2(\tau_m) & \cdots & T_n(\tau_m) \end{bmatrix} \begin{bmatrix} C_{X_0} \\ C_{X_1} \\ C_{X_2} \\ \vdots \\ C_{X_{n0}} \end{bmatrix} \begin{bmatrix} X_1 \\ X_2 \\ X_3 \\ \vdots \\ X_m \end{bmatrix} \quad (5.19)$$

式中:m 为坐标点的个数。

令

$$\boldsymbol{V}_X = \begin{bmatrix} V_{X_1} & V_{X_2} & V_{X_3} & \cdots & V_{X_m} \end{bmatrix}^{\mathrm{T}} \quad (5.20)$$

$$\boldsymbol{f}_X = \begin{bmatrix} X_1 & X_2 & X_3 & \cdots & X_m \end{bmatrix}^{\mathrm{T}} \quad (5.21)$$

$$\boldsymbol{C} = \begin{bmatrix} C_{X_0} & C_{X_1} & C_{X_2} & \cdots & C_{X_N} \end{bmatrix}^{\mathrm{T}} \quad (5.22)$$

$$\boldsymbol{B} = \begin{bmatrix} T_0(\tau_1) & T_1(\tau_1) & T_2(\tau_1) & \cdots & T_n(\tau_1) \\ T_0(\tau_2) & T_1(\tau_2) & T_2(\tau_2) & \cdots & T_n(\tau_2) \\ T_0(\tau_3) & T_1(\tau_3) & T_2(\tau_3) & \cdots & T_n(\tau_3) \\ \vdots & \vdots & \vdots & & \vdots \\ T_0(\tau_m) & T_1(\tau_m) & T_2(\tau_m) & \cdots & T_n(\tau_m) \end{bmatrix} \quad (5.23)$$

可写成:

$$\boldsymbol{V}_X = \boldsymbol{BC} - \boldsymbol{f}_X \quad (5.24)$$

应用最小二乘法平差中的间接平差,可以得出:

$$\boldsymbol{X} = \boldsymbol{f}_{eX} \quad (5.25)$$

$$\boldsymbol{N} = \boldsymbol{B}^{\mathrm{T}}\boldsymbol{B} \quad (5.26)$$

$$\boldsymbol{f}_{eX} = \boldsymbol{B}^{\mathrm{T}}\boldsymbol{f}_X \quad (5.27)$$

则

$$\boldsymbol{C} = \boldsymbol{N}^{-1}\boldsymbol{f}_{eX} \quad (5.28)$$

这样求得切比雪夫多项式拟合系数 C_X。同理,可算出 C_Y, C_Z。求出系数后,根据这些系数结合公式可以算出所需时刻的卫星坐标。

图 5.6 是以 X 坐标为例,采用切比雪夫曲线拟合的曲线模型对 20min 内卫星位置进行预测的图形。图中,菱形表示每帧开始时卫星的位置,空心点表示曲线拟合模型求出的卫星位置。可以看出,曲线拟合模型对 20min 的卫星位置拟合精度比较高,误差甚至能达到厘米级,完全满足高精度授时要求。

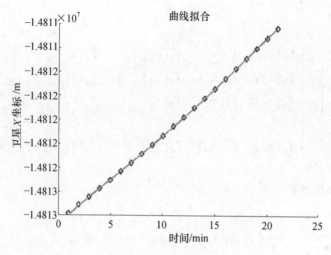

图5.6 曲线模型卫星 X 坐标拟合效果

5.4.3 直线模型与曲线模型的比较

经过上述的分析,可以看出直线模型计算简单,但是随着时间的增长,误差变得越来越大。而曲线模型构造比较复杂,但是拟合效果好,21min 的拟合误差在 2 m 内,甚至能达到厘米级。下面在采集的 21min 数据的基础上,比较每超帧内直线模型与曲线模型的预测性能。图 5.7 和 5.8 中,菱行表示每一超帧的起始位置,实心点为直线模型计算的卫星位置,空心点为曲线模型计算的卫星位置。可以看出,曲线模型在精度上要优于直线模型。

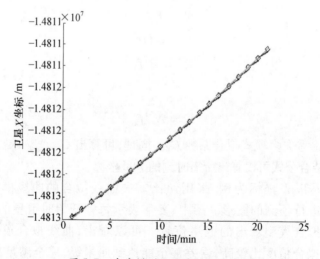

图5.7 直线模型和曲线模型拟合图

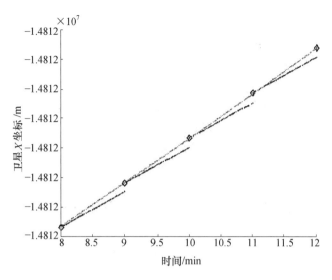

图 5.8　直线模型和曲线模型拟合图放大

从量上进一步分析,获取直线模型和曲线模型中每超帧最后一帧(1920 帧)到达时刻的卫星位置和推算值,并以理论值和推算值的差值衡量模型误差。表 5.1 分别描述了两种模型的位置误差的比较。

表 5.1　直线模型和曲线模型误差表

直线模型误差/m	曲线模型误差/m	直线模型误差/m	曲线模型误差/m
−8	1.477	−19	0.748
−8	1.409	−20	0.669
−9	1.340	−21	0.589
−11	1.269	−22	0.508
−13	1.198	−24	0.426
−13	1.125	−24	0.342
−15	1.052	−25	0.258
−16	0.977	−26	0.173
−17	0.901	−27	0.087
−16	0.824	−28	0.0002

从表 5.1 中的数据可以看出,曲线拟合的精度最小可以达到毫米级,而直线模型每分钟的误差最小有 8 m。当卫星位置的误差为 100 m 时,授时精度能达到 100 ns;卫星位置的误差为 1m 的时候,授时精度能提高到 10 ns。

图 5.9 是用两种方法拟合的卫星位置三维图,其中空心点表示每一超帧的起始位置,实心点为直线模型计算的卫星位置,小实心点为曲线模型计算的卫星

位置。

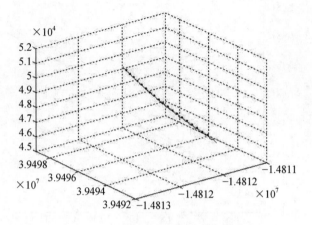

图 5.9 直线模型和曲线模型拟合三维图

5.5 RDSS 信号时延计算

通过对 RDSS 单向授时的原理进行分析,可知时延由以下几方面组成。

1. 中心站的信号发射延时

中心站将出站信号传至天线进行发送时,信号在该传输过程中存在着延时。这段时延我们可以视其为一个固定值。

2. 信号上行延时

地面中心站的信号从天线发射至卫星的延时。该段延时跟卫星接收到信号的位置密切相关。随着卫星的运动,地面主站与卫星的距离发生着变化,地面中心的信号传至卫星的路径也随之发生着变化,信号的传播时间也跟着发生着变化。

3. 信号下行延时

与上行延时相同,卫星将地面中心站的信号转发至用户时,由于卫星位置的变化,必然导致传播时延的变化。对于固定点位置的授时用户而言,一旦接收机安装完毕,用户的位置是保持不变的,但是由于卫星的运动,卫星与用户的距离在不断地变化。

4. 大气层延时

受太阳紫外线、X 射线辐射以及高能粒子的影响,距离地面约 60km ~ 1000km 之间的部分大气被电离成大量的正离子和自由电子,构成了电离层。当无线电信号穿过电离层时,电离层会反射、折射、散射及吸收无线电信号,信号路径产生弯曲且传播速度会发生变化。

而从地面向上约 60km 的部分的非电离大气对信号的传播同样有影响。非电离大气主要包括对流层和平流层,由于折射的 80% 发生在对流层,对流层既能改变无线电信号的传播速度又能改变信号的传播方向,从而造成信号传播的延迟。

5. 用户天线至接收机的传输延时以及接收机硬件延时

用户天线接收到卫星信号,并将其传至接收机的射频部分时,该过程也如同中心站将卫星信号发送至发射天线一样存在着延时。该延时与馈线长度及传输距离长短有关,馈线长度一定,延时即可确定。用户接收到信号,经过硬件电路的处理,最终解出电文,恢复出秒脉冲,这个过程也是存在着延时的。

6. 其他延时

由于卫星星历的不准确和其他的因素的影响,信号传输过程存在着其他延时,可以视其为固定值。

5.5.1 上行时延误差

根据卫星电文中的参数 t_{ROi},(时延 t_{ROi} 表示中心控制系统的天线 $i(i=1,2,3)$ 至对应卫星的传播时延(含电离层和对流层时延)),由卫星电文我们可以得到上行时延值。但是该时延值仅在每一超帧起始位置时最为准确,由于卫星的运动,上行延时也应该是随着卫星的移动而变化的。如果将每分钟接收到的上行时延导出,则可以画出如图 5.10 所示图形。

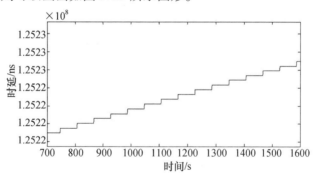

图 5.10 上行时延图

上行时延由于每分钟更新一次,从图 5.10 中可见,如果一分钟内不对上行延时进行预测,则上行延时会每分钟出现一次抖动。经分析该抖动范围在 500 ns 左右。

为此,建立了一个直线模型对其进行修正。假设每超帧内上行时延值匀速变化。当超帧的首帧发送时,控制中心到卫星 i 的传播时延可由广播信息直接获取,设第 $n-1$ 超帧首帧中心到卫星 i 的传播时延为 $\tau_{up(n-1)}$,第 n 超帧首帧中心到卫星 i 的传播时延为 $\tau_{up(n)}$,则当第 n 个超帧的第 k 分帧发送时,控制中心到卫星的传播时延 $\tau_{up(n-k)}$ 为

$$\tau_{\text{up}(n-k)} = \tau_{\text{up}(n)} + \frac{\tau_{\text{up}(n)} - \tau_{\text{up}(n-1)}}{1920} \times (k-1) \tag{5.29}$$

由图 5.11 可以看出通过建立的直线模型,我们可以很直观的看到上行时延的抖动被消除了。

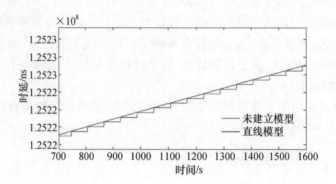

图 5.11 上行时延有无模型对比图

5.5.2 下行时延的计算

根据已知的本地用户的 WGS-84 坐标我们可以将其转换为 BJ-54 坐标。在相同的坐标下,假设用户的位置为 (X_{yh}, Y_{yh}, Z_{yh});卫星的瞬时位置的获得:$(X_{wt}, Y_{wt}, Z_{wt}) = (X_w, Y_w, Z_w) + (V_{WX}, V_{WY}, V_{WZ}) \times \tau_k$;$\tau_k$ 为从接收到最新超帧的第一帧的巴克码最后一位"1"后沿后到提取观测量的时间差,该时间差可以从观测量中获得。下行时延的计算公式为

$$\tau_{\text{up}} = \sqrt{(X_{wt} - X_{yh})^2 + (Y_{wt} - Y_{yh})^2 + (Z_{wt} - Z_{yh})^2} / C \tag{5.30}$$

经过 DSP 计算出来的下行时延数据,导入到 MATLAB 中可得图 5.12。

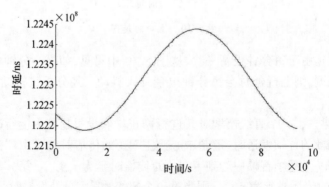

图 5.12 下行时延一天内变化趋势图

108

5.5.3 总时延的测试

根据 5.1 节中对卫星信号传播时延的分析,下面我们依次对各类时延进行计算。

系统时延通常可以视作常数。我们通过长期比对由 DSP 计算出的上行延时、下行延时和电波修正延时的总和与本地恢复出的时标与标准卫星授时接收机提供的秒脉冲的相位间隔变化,来获得系统时延。

具体操作过程如下:先通过 FPGA 恢复出时标,再利用标准卫星授时接收机提供的准确的秒脉冲与恢复出的时标进行相位间隔比对,将相位间隔值,设为 ΔT,与 DSP 中计算出的上行延时、下行延时和电波修正延时的总和,设为 $\Delta delay\_calc$,作对比,观测它们两者差值,设为 Δsys,的变化情况。

长时间(12h)观察相位间隔值 ΔT 与 $\Delta delay\_calc$ 的变化趋势,可以画出图 5.13 和图 5.14。

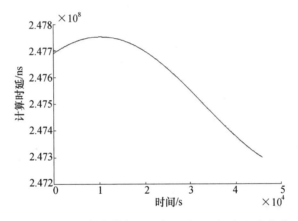

图 5.13 DSP 中计算出的延时 $\Delta delay\_calc$ 变化曲线图

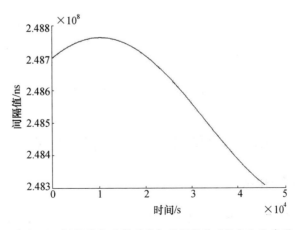

图 5.14 间隔计数法得到的相位间隔值 ΔT 变化曲线图

109

为了便于从整体上直观地分析两者的变化趋势,将图5.13中的间隔值 ΔT 往下平移950000 ns,再将两变量 ΔT 与 Δdelay_calc 画在同一图中,可得图5.15。

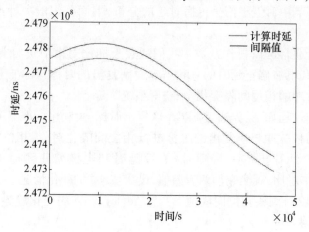

图5.15　ΔT 与 Δdelay_calc 的变化趋势对比图

由图5.14可以看出 ΔT 与 Δdelay_calc 的变化趋势是相同的,两者相差了一个固定值。将 ΔT 与 Δdelay_calc 相减,可得到它们之间的间隔值 Δsys,即系统延时的变化趋势情况。对系统延时 Δsys 进行分析,以小时为单位,观察各段时间内 Δsys 的均值变化情况,可得到表5.2。

表5.2　系统延时的变化表

时间/h	Δsys 均值/ns	时间/h	Δsys 均值/ns
1	1010626.3	7	1010669.0
2	1010665.0	8	1010663.6
3	1010672.4	9	1010659.8
4	1010685.6	10	1010662.8
5	1010682.5	11	1010663.8
6	1010673.6	12	1010664.5

随着观测时间的增加,Δsys 均值的变化趋于平缓,仅在10 ns以内的范围变动。

5.6　时延补偿与秒脉冲生成

5.6.1　时标获取

按照卫星电文的编码格式,电文的帧标志指示本帧开始,由巴格码组成,巴格码最后一位"1"后沿所对应的脉冲为该帧参考时标。

搜索巴克码的过程在 FPGA 中实现。首先,在 FPGA 中定义一个 14 组的寄存器,译码校验之后的数据每进来一个就让寄存器移位,并与巴克码进行异或比较,判断如果寄存器中的值与巴克码完全相同或者相反,则拉高状态位,其余情况将其拉低。通过判断状态位的高低情况,表达 FPGA 是否搜索到数据中的巴克码,流程如图 5.16 所示。

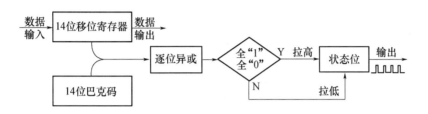

图 5.16　巴克码搜索流程图

在 FPGA 中正常搜索到巴克码后,状态位的输出将呈现为一脉冲波形,上升沿与巴克码最后一位对齐。利用该脉冲结合 DSP 中计算出的分帧号,选取整秒处的分帧号为参考,可以从本地恢复出秒脉冲信号,即时标。

5.6.2　秒脉冲合成

导航卫星时频系统产生基准频率信号,目前大部分导航卫星载波频率与码频率均基于该基准频率产生,载频和码频具有严格的同步关系。导航电文发播按特定时序,如 GPS 导航电文的遥测字的第一字节严格与 GPS 时的某一整秒同步。当用户接收到卫星转发的信号,产生出捕获秒时标。同时根据接收到的导航电文计算出传递总时延。通过本地修正该时延值,则可恢复出真实的时标信号。

由于卫星信号传递环节多,信号不稳定,依据实时时延计算来补偿难以保证合成秒脉冲的连续性;此外,由于计算结果只能用来预测下一个秒脉冲,因此首先要基于本地频率基准进行秒脉冲计数,根据产生的捕获秒脉冲和计算出的时间对本地秒脉冲进行处理,恢复系统时间。

通常采用基于数控振荡器构建的锁相环来实现秒脉冲合成,其原理如图5.17所示。本地采用数控振荡器(Numeric Control Oscillator,NCO)输出秒脉冲,根据计算出的延时值对时标进行修正,恢复出基准时刻,再与输出秒脉冲进行鉴相。鉴相值送入 PI 调节器,PI 调节器的输出直接控制频率控制字。通过控制 PI 调节器的比例系数 k_p 和积分系数 k_i,即可控制秒脉冲的合成过程。

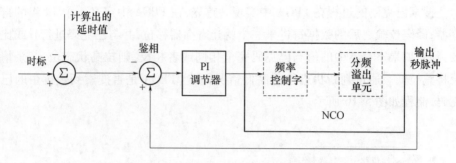

图 5.17　秒脉冲合成原理框图

5.6.3　秒脉冲精度定义与测试

卫星授时接收机的授时精度一般应反映接收机恢复出的秒脉冲与导航系统的秒脉冲之间差值情况。由于卫星授时接收机输出的秒脉冲精度溯源于卫星导航系统地面主控站的主原子钟,而通常情况下无法将接收机的 1 脉冲/s 与主控站的 1 脉冲/s 进行比较。一般导航系统主控站提供应用产品的测试服务,接收机厂家将产品送至主控站附近的测试场所,进行秒脉冲的精度测试。

由于接收机产生秒脉冲过程较为复杂,受多种随机因素的影响,且与整个系统的维护情况有关。一般可认为接收机产生的秒脉冲是呈正态分布的,扣除系统误差后秒脉冲的均值就是主控站的秒脉冲。因此秒脉冲的精度常用概率密度表示。如 50 ns/1σ,表示在 $\pm 1\sigma$(68.27%)概率下秒脉冲误差 < 50 ns。又如 100 ns/3σ,表示 $\pm 3\sigma$(99.74%)概率下秒脉冲误差 < 100 ns。

此外还有以有效值、百分比概率密度来表示授时精度的。如某厂家 GPS 接收机秒脉冲精度表示如下:RMS 30 ns;99% <60 ns。

由于目前 GPS 产品较成熟。一般授时模块精度测试以 GPS 驯服时钟提供的秒脉冲为基准进行测试。

参 考 文 献

[1] Dass T, Freed G, Petzinger J, et al. GPS Clocks in Space：Current Performance and Plans for the Future. Proceedings 34th Precise Time and Time Interval (PTTI) Meeting,2002,12:175 – 192.

[2] Seeber G,Satellite Geodesy[M]. Berlin, German：Walter de Gruyter, 1993.

[3] Kaplan E D. GPS 原理与应用[M].2 版. 北京:电子工业出版社, 2002.

[4] 杨力,隋立芬.对流层传播延迟改正[J].测绘学院学报,2001,18(3):182 – 183.

[5] 王新龙,李亚峰.GPS 定位中 4 种对流层延迟修正模型适应性分析[J].电光与控制,2008(11).

[6] 王解先,王军,陆彩萍. WGS – 84 与 54 坐标的转换问题[J].大地测量与地球动力学,2003,23(3):70 – 72.

［7］于彩霞,郑义东,黄文骞,等.WGS – 84 与 BJ54 坐标转换方法研究及实践［J］.中国测绘学会海洋测绘专业委员会第十九届海洋测绘综合性学术研讨会论文集,2007.

［8］杨光,廖炳瑜,袁洪.北斗无源授时用户接收机中 GEO 卫星星历求解算法［J］.计算机工程与应用,2008,44(1):1 – 4.

［9］吴海涛.卫星导航系统时间基础［M］.北京:科学出版社,2011.

第6章　接收机终端设计

本章将从硬件的角度,介绍授时接收机的各个组成部分。介绍一种采用 FPGA + DSP 的接收机中,该接收机通过 EMIF 高速接口,实现 FPGA 和 DSP 的无缝连接。最后介绍接收机的实时计时模块 RTC 的设计。

6.1　接收机组成

随着器件的发展与普及,基于软件无线电平台的硬件系统显示出其优越性。本章介绍采用大规模可编程逻辑阵列和高速数字信号处理器的全数字解决方案(FPGA + DSP)。接收机通常由天线、射频模块、信号处理模块、接口模块组成。信号处理模块一般包含 A/D 转换器、FPGA + DSP 和相应的配置芯片,此外还包含电源模块、温补晶振和 RTC(实时时钟芯片),结构如图 6.1 所示。

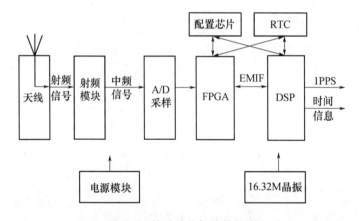

图 6.1　授时接收机结构框图

信号处理流程大致如下:卫星信号首先通过天线接收,进入射频模块的射频前端处理,通过射频放大、下变频、滤波、主中频放大及 AGC 控制等处理,将射频下变频为模拟中频信号;接着模拟中频信号经过 A/D 采样芯片采样变为数字中频信号,接着进入 FPGA 中进行正交数字下变频,将模拟的中频信号变为数字基带信号;接着 FPGA 依靠其强大的并行处理能力对多个波束同时进行捕获,将捕获后的信号通过 EMIF 口送入 DSP 中进行环路滤波,DSP 将环路滤波器的结果作为参量,通过 EMIF 口传回给 FPGA 完成跟踪,解扩;接着 DSP 对解扩后的数据进行 Viterbi 译码、CRC 校验,正确提取出导航数据;并通过解帧和解电文得出卫星电文信息;由 FPGA 中恢复出的时标和 DSP 计算出的时延,我们在 FPGA 中通过 NCO 的办法驯服本地晶振,恢复出北斗时标,完成授时功能。

在设计中加入了 RTC 模块,对接收机解出的时间信息进行断电保持,在断电情况下仍可实现时钟计数,为下次上电提供时间信息参考。

6.2 天 线

天线定义为"辐射或接收无线电波的装置"。接收机终端的天线分为发射天线和接收天线两种。发射天线用于需要向卫星发射信号的场合,如北斗有源定位、通信或双向授时。接收天线则应用较为普遍,如北斗接收天线、GPS 天线等。本节介绍一种北斗/GPS 双模天线。

双模天线可对 GPS 卫星信号和北斗卫星信号进行接收放大(图 6.2)。信号分为两路:GPS 采用一路,北斗采用一路。GPS 卫星频段采用一个陶瓷天线、一个带通滤波器、两级放大,北斗频段采用一个陶瓷天线、两个带通滤波器、三级放大,双模天线技术指标如表 6.1 所列。

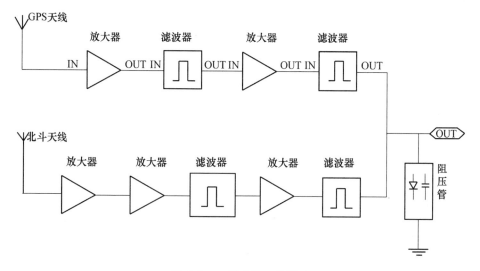

图 6.2 双模天线工作原理

表 6.1 双模天线技术指标

指标项目 频段/ MHz	放大器增益 GAINS$_{21}$/dB	输入 VSWR S$_{11}$/dB	输出 VSWR S$_{22}$/dB	噪声系数 NF/dB	边带抑制/dB (±100MHz)	工作电流 /mA
1575 ±5	34 ±2	≤2.0	≤2.0	≤1.8	≥20	小于100
2492 ±5	43 ±2	≤2.0	≤2.0	≤1.5	≥40	

115

6.3　射频单元

射频模块的主要作用是将天线接收到的射频信号转换为中频输出,在此过程中还需滤波和放大,增大信噪比。图6.3为一种射频模块方案。

该模块采用温补晶振作为频综,产生两个频率输出;天线接收到的信号,先进行一级滤波放大,进行第一次混频;混频输出保留低频成分,再进行第二次混频,滤波后输出。由于地球上不同位置信号强度可能相差几十分贝,接收机必须适应这种变化。射频模块中通常具有自动增益调节功能(Auto Gain Control,AGC),根据信号强度,进行自适应调节。

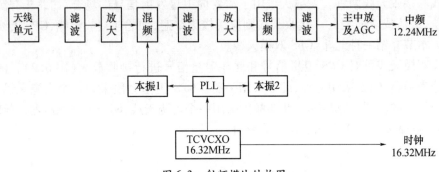

图6.3　射频模块结构图

6.4　信号及数字处理单元

数字处理系统通常采用 FPGA + DSP 的方法。其中 FPGA 用于简单而需要快速的处理场合,如扩频信号的捕获;DSP 用于复杂而对实时性要求不那么高的场合。也有在此基础上增加了 ARM 用于实现与用户的接口。

下面介绍一种接收机终端的 FPGA + DSP 的设计方案,利用了 FPGA 对时序的掌控能力和并行处理能力,实现多星的信号捕获;利用 DSP 强大的运算能力,实现跟踪、译码等信号处理过程。接收机样板的结构框图如图6.4所示。

FPGA 采用 XILINX 公司 Spartan 系列的 3S1000 型号,该型号成本低,性价比较高;FPGA 主要实现多星信号并行捕获,构建数控振荡器的锁相环实现秒脉冲合成;A/D9283 对射频模块输出的中频信号进行采样,采样数据通过8位并口传送至 FPGA。

射频模块中具有高精度的温度补偿晶振 TCXO,晶振的输出倍频至混频器需要的频点,同时该晶振也为 FPGA 提供时钟信号。接收机射频模块的 TCXO 通常具有压控端,通过外部电压调节可实现频率的微调。

图6.4中 D/A5310 为串行 D/A 转换器,用于对 TCXO 的频率进行修正。DSP 的程序存储在 EEPROM 中,FPGA 提供了一个 EEPROM 和 DSP 之间的接口。

116

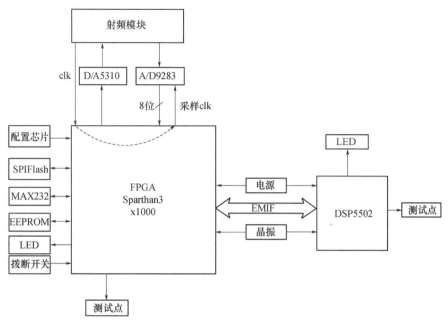

图 6.4 样板结构框图

其实物图如图6.5所示。

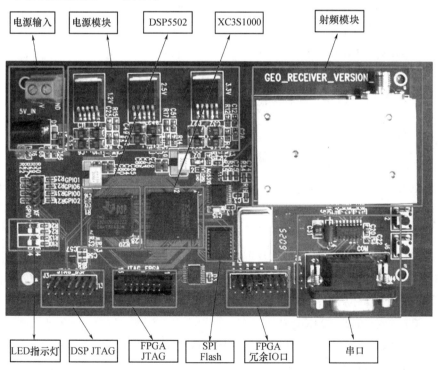

图 6.5 样板实物图形

6.4.1　FPGA 简介

本系统选用的 FPGA 为 XC3S1000,是 Xilinx 公司低成本 Spartan – 3 系列产品。Spartan – 3 系列是建立在早期的 Spartan – IIE 系列的成功基础之上的,逻辑资源的数量、内部 RAM 的容量、I/O 接口的数量,以及总体性能指标都得到了增加。而且 Spartan – 3 系列增强了时钟管理功能。由于巧妙地采用了 Virtex™ – II技术,Spartan – 3 系列得到了大量的改进。该系列的产品主要面向高容集、低消耗的用户。我们选用的 XC3S1000 就是其中的一款百万门的芯片。

性能如下:

(1) 先进的 90nm 处理技术;

(2) 3 个电源管脚:内核 1.2V;I/O s 接口(1.2V ~ 3.3V),辅助管脚(2.5V);

(3) I/O 信号 175 个 I/O 管脚,每个 I/O 的发送速率为 722 Mb/s,17 个单端信号标准,支持双数据速率;

(4) 逻辑资源,包含移位寄存器的大量的逻辑单元,多路复用器,快速进位逻辑,专门的 18 ×18 乘法器,兼容 IEEE 1149.1/1532 协议的 JTAG 逻辑;

(5) RAM 分级内存,多达 1872 Kb 的块 RAM,多达 520 Kb 的分布式 RAM;

(6) 数字时钟管理器(多达 4 个);

(7) 8 根全局时钟线;

(8) 完全由 Xilinx ISE 的开发系统所支持,综合、映射、布局与布线;

(9) 微处理器软核、PCI 和其他内核。

6.4.2　DSP 简介

DSP 芯片选用 TI 公司的 TMS320VC5502 定点数字信号处理器。该芯片基于 TMS320C55x DSP 系列的 CPU 处理器核,增加并行性和减少功耗实现了高性能和低功耗。

其主要性能参数如下:

(1) 高性能、低功耗,300MHz 时钟频率,每周期执行 1 条/2 条指令,双乘法器(共有 400MMAC)两个算术/逻辑单元,3 组内部数据/操作数读总线,2 组内部数据/操作数写总线;

(2) 指令 Cache(24Kb);

(3) 170K ×17bit 片上 RAM,包括:8 块 4K ×17bit DARAM(74 Kb),32 块 4K ×17bit SRAM(257Kb);

(4) 170K ×17bit 片上 ROM(32Kb);

118

（5）8M×17bit 最大可寻址外部存储器空间；

（6）32bit 外部存储器接口（EMIF），能无缝连接，异步 SRAM、异步 EPROM、同步 DRAM、同步突发 SRAM（SBSRAM）；

（7）7 个设备功能域的可编程低功率控制；

（8）片上外设，两个 20bit 时序器，7 个通道直接存储器访问（DMA）控制器，3 个多通道缓冲串行端口（McBSP），17 个并行强化的主机—端口接口（EHPI），可编程数字锁相环（DPLL）时钟发生器；8 个通用 I/O（GPIO）引脚和专门的通用输出引脚（XF）；

（9）片上的基于扫描的仿真逻辑；

（10）IEEE 标准 1194.1（JTAG）边界扫描逻辑；

（11）240 引脚 MicroStar BGA™封装（后缀 GGW）；

（12）3.3V I/O 电压；

（13）1.2V 核电压。

6.4.3　DSP 的程序加载

TMS320VC5502 芯片没有程序存储器，采用 SPIFlash 来存储 DSP 程序。DSP 程序在 PC 机上开发，编译后的文件通过 FPGA 下载至 SPIFlash。上电时利用 FPGA 将程序读出，加载至 DSP。程序的存储与加载如图 6.6 所示，我们采用如下的方法：

（1）将 DSP 中调试好的 ∗.out 文件用 DSP 集成开发编译软件 CCS 提取成 ∗.dat 文件；

（2）PC 机通过串口将 ∗.dat 文件发给 FPGA，再由 FPGA 写入 SPIFlash 中；

（3）FPGA 上电，复位 DSP；FPGA 读取出 SPIFlash 中的数通过 HPI 口写入到 DSP 中，并给 HPI 中断；

（4）DSP 收到 HPI 中断运行程序。

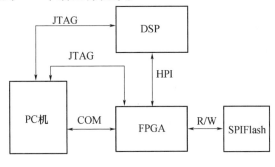

图 6.6　DSP 程序加载框图

119

6.5 EMIF 数据交换

在 DSP 与 FPGA 组成的系统为信号的高速处理提供基础。在处理过程中，两者承担的功能不同，大量的数据需要实时交换。两者之间的数据交换接口是接收机硬件的核心技术。一般 DSP 具有 EMIF 接口，下面阐述如何利用 EMIF 接口实现 DSP 与 FPGA 之间的数据交换。

6.5.1 EMIF 的介绍

外部存储器接口（external memory interface，EMIF），它控制着 DSP 和外部存储器的所有数据接口，其输入输出框图如图 6.7 所示。

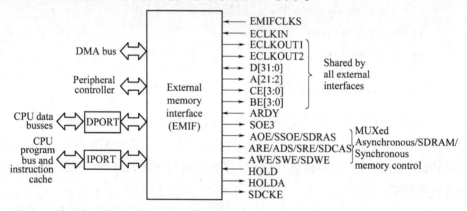

图 6.7 EMIF 输入输出框图

EMIF 为三种类型的存储器提供了无缝接口：

（1）异步存储器接，包括 ROM、FLASH、SRAM；

（2）同步突发 SRAM（SBRAM），工作在 1 倍或 1/2 倍 CPU 时钟频率；

（3）同步 DRAM（SDRAM），工作在 1 倍或 1/2 倍 CPU 时钟频率。

EMIF 支持以下类型的访问：

（1）程序的访问；

（2）32bit 数据的访问；

（3）17bit 数据的访问；

（4）8bit 数据的访问。

6.5.2 EMIF 的配置与连接

本小节阐述 EMIF 为 32bit 的异步访问方式。EMIF 与异步存储器芯片的连接图如图 6.8 所示。

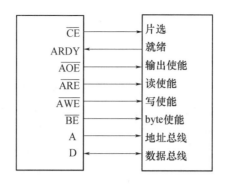

图 6.8 EMIF 和异步存储器芯片的连接图

$\overline{CE}$为存储器空间的片选引脚。将这个低电平有效的引脚连接到存储器芯片的片选引脚上,当 EMIF 访问 CE 空间时,相应的存储器芯片使能。

ARDY 为异步访问就绪引脚。当存储器芯片需要延迟 EMIF 的异步访问时,可以将这个高电平有效的信号拉低。

$\overline{AOE}$为异步输出使能引脚。将这个低电平有效的引脚连接到存储器的输出使能引脚上。

$\overline{ARE}$为异步读选通引脚。将这个低电平有效的引脚连接到存储器的读使能引脚。$\overline{ARE}$定义了一次存储器读访问的边界。

$\overline{AWE}$为异步写选通引脚。将这个低电平有效的引脚连接到存储器的写选通引脚。$\overline{AWE}$定义了一次存储器写访问的边界。

$\overline{BE}[3:0]$为字节使能信号。EMIF 根据不同组合驱动这些低电平有效的引脚来确定访问数据的宽度。在一些情况下,这些信号的组合也表示 EMIF 的数据总线 D[31:0]中哪些数据线用来传输数据。

A[21:2]为地址总线引脚。

D[31:0]为数据总线引脚。EMIF 在这些引脚上传输 32bit、17bit、8bit 数据。具体将哪些引脚接到存储器上取决于访问的类型和存储器的宽度。

EMIF 口的工作时钟由 DSP 内部的工作主时钟的分频时钟 SYSCLK3 分频提供。DSP 内部的时钟生成原理图如图 6.9 所示。

EMIF 的时钟工作范围在 18.75MHz~300MHz。其读写(工作)时序图如图 6.10 和图 6.11 所示。

设计中,FPGA 与 DSP 的连接是通过在 FPGA 中开辟出一块 BRAM 与 DSP 通过 EMIF 口连接。DSP 对 FPGA 的 BRAM 的访问就相当于对自己外部存储器的访问,BRAM 对应于 DSP 的某段存储空间。DSP5502 芯片的地址线宽度为 20 位,结合它的 32 位的数据线和 4 根片选线,外部寄存器的最大空间范围为:

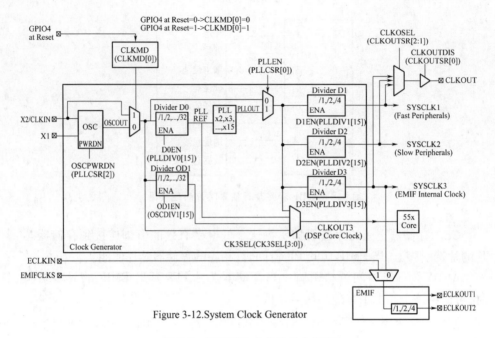

Figure 3-12.System Clock Generator

图 6.9　DSP5502 内部时钟分频图

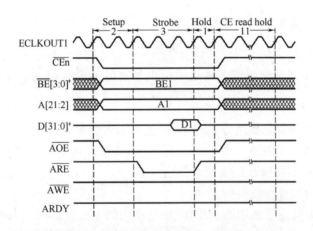

图 6.10　32bit 异步 EMIF 读数时序图

DSP 还不清楚,需要在 FPGA 中进行编程连接设置。

假如,我们在 FPGA 中开辟出了一个 BRAM 宽度为 32bit,深度选择 128。BRAM 的数据通道图如图 6.12 所示。

BRAM 对应在 FPGA 中的 VHDL 表达式为

```
component BRAM
    port (
    addra: IN std_logic_VECTOR(7 downto 0);
```

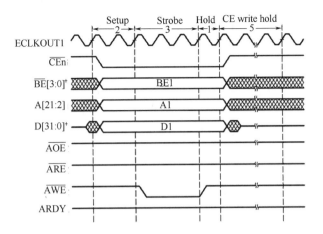

图 6.11　32bit 异步 EMIF 写数时序图

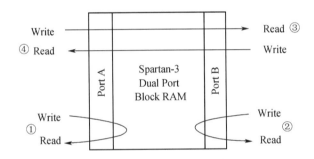

图 6.12　双口 RAM 数据通道图

```
    clka: IN std_logic;
    dina: IN std_logic_VECTOR(31 downto 0);
    douta: OUT std_logic_VECTOR(31 downto 0);
    ena: IN std_logic;
    wea: IN std_logic;

    addrb: IN std_logic_VECTOR(7 downto 0);
    clkb: IN std_logic;
    dinb: IN std_logic_VECTOR(31 downto 0);
    doutb: OUT std_logic_VECTOR(31 downto 0);
    enb: IN std_logic;
    web: IN std_logic);
end component;
```

BRAM 与 EMIF 口的连接关系如下：

```
U0 : BRAM
    port map(
```

123

```
            addra = > addr_fpga_r,
            clka = > clk_rf,
            dina = > dina,
            douta = > data_from_dsp_buf,
            ena = > '0',
            wea = > '0',

            addrb = > add_in(7 downto 0),—
            clkb = > CLK_BRAM_WR,—
            dinb = > data_in,
            doutb = > data_out,—
            enb = > EMIF_CE2_FPGA,—
            web = > EMIF_AOE —read - '0';—write - '1';
            );
```

EMIF_CE2_FPGA < = EMIF_CE2 or add_in(7)or add_in(8)or add_in(9)or add_in(10)or add_in(11)or add_in(12)or add_in(13)or add_in(14)or add_in(15)or add_in(17)or add_in(17)or add_in(18)or add_in(19);

CLK_BRAM_WR < =(not EMIF_ARE)or(not EMIF_AWE);

根据 EMIF 的异步 32bit 的读写时序图,我们可以确定端口连接的读写时钟。地址线因需要对应于 CE1 空间的起始位置,需要进行地址译码。DSP5502 的 CE1 空间按照数据编址方式从 0x0200000h 开始,长度也为 0x0200000h。对于 BRAM 与 CE1 空间的起始位置的唯一映射,我们将片选使能与各高位信号相或,作为新的使能信号控制 BRAM,这样当 DSP 访问 BRAM 中的数据时,只需访问 CE1 空间 0x0000000h ~ 0x0000100h 的数据。同样如果我们要想将 BRAM 映射到 DSP 外部存储空间的 CE_x 的位置上,只需在地址线上做文章即可。对于 DSP 而言,他对外部存储空间的操作,首先需要配置相应的 EMIF 寄存器,使 EMIF 工作在异步 32bit 模式下(详细配置过程在此不做说明),程序上如果访问存储器的某个位置,可

```
#define  MyAddr1  (*((volatile long*)0x200000));
```

MyAddr1 即对应到 CE1 空间的第一个 32 bit 的位置,对变量 MyAddr1 进行赋值操作及对应对存储器的读写操作。

6.5.3 EMIF 的握手协议

EMIF 口配置为异步存储器,与 FPGA 的时钟不同步,与送过来的数据也不同步,需要定义一个握手协议,FPGA 将数写入到 BRAM 中,并同时对帧标志位进行加 1 操作,即每写入一个新的数据时帧标志位加 1,DSP 首先读帧标志位有

124

无变化,并判断变化值,为1,取数进行处理。其原理图如图6.13所示。

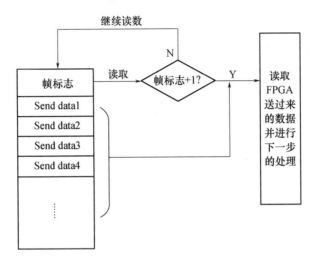

图 6.13　EMIF 握手协议原理图

6.5.4　EMIF 的数据交换

　　在完成了 FPGA 与 DSP 通信连接的 EMIF 口后,将前端经过数字下变频、解扩的超前、及时、滞后的 I 路、Q 路数据写入 BRAM1 中,DSP 读出其中的值,进行 PLL、DLL 环路滤波,将滤波后的值写入 BRAM2,FPGA 读取 BRAM2 中的数据,调整载波环和码环 NCO 完成信号的跟踪。DSP 对跟踪上的 I 路和 Q 路信号进行 VITERBI 译码、CRC 校验、解帧、解电文、计算出时标的延时,并将这个延时写入到 BRAM2 中,供 FPGA 进行秒脉冲合成时使用。其工作框图如图6.14 所示。

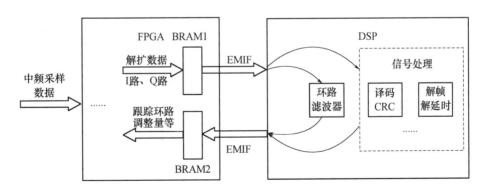

图 6.14　EMIF 口数据交换工作框图

6.6 其 他

6.6.1 温补晶振

卫星授时接收机体积小,成本低。由于具有小于微秒级的授时精度,要求采用具有良好短期稳定度的晶体振荡器。恒温晶振采用温控方法保持晶体振荡器的温度,短期稳定度较好,但成本高、功耗大,不适于授时接收机使用。温补晶振(TCXO)采用对晶体输出频率随温度变化进行了自动温度补偿,一般可以在常温下保持 $10^{-5} \sim 10^{-7}$ 的频率稳定度。TCXO 成本低,功耗低,一般卫星授时接收机均采用 TCXO。

由于晶振具有频率老化特性,随着时间增加,其输出频点逐渐漂移,将导致接收机无法正常工作。为此有两种方式:一种为采用数控振荡器,通过调整其频率字实现对频率漂移的修正;另一种则在接收机正常捕获信号时直接利用压控调整端对频率实现修正。在此阐述第二种方法。

TCXO 一般具有压控端输入实现其频率的微调。采用 D/A5310 串行 D/A 转换器产生模拟调节电压,FPGA 对 D/A5310 输入串行数据即可产生需要的模拟电压。在接收机正常工作时利用产生的秒脉冲对 TCXO 进行频率偏差测量,从而产生修正电压。该修正值保存在 SPI 接口的非易失性存储器中。下次上电时 FPGA 直接读取该值实现对频率的修正,这样有利于加快卫星信号捕获过程。

6.6.2 RTC 单元

卫星授时接收机一般断电后能继续维持时钟计数。因此接收机的硬件一般具有实时时钟计数 RTC 单元。RTC 单元通常包括 RTC 芯片、32.778kHz 的晶振和 1.5V 的纽扣电池。常用的 RTC 芯片,如 MAXIM 公司的 DS1339 系列。当接收机断电后,1.5V 电池为 RTC 提供工作电压,RTC 芯片按照接收机的时间信息格式,通过 RTC 的专用晶振进行整秒计数,使本地时间信息得以保持。其工作原理框图如图 6.15 所示。

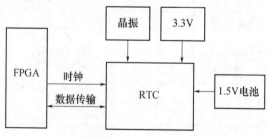

图 6.15　RTC 工作原理框图

126

正常工作模式下,FPGA 将时间信息通过数据传输接口按照 RTC 的 I²C 传输协议不断地写入到 RTC 中。当接收机断电时,RTC 保持当前时间信息,通过外部的 1.5V 电池提供工作电源,RTC 依靠外部晶振开始进行整秒计数,将时间信息进行累加更新。接收机上电后,RTC 的外部电池停止工作,RTC 先把累加更新的时间信息传回 FPGA 中供授时服务使用;接着当接收机上电完成授时功能后,FPGA 又继续不断地将新的时间信息写入到 RTC 中。

6.6.3 电源

授时接收机的电源通常采用外部给定直流电压输入。由于接收机中芯片所需电压有多种要求,需要将该电压进行转换。在应用实例中,我们通过电压转换芯片 NCP575 将 5V 转化为 3.3V、2.5V 和 1.2V。各类电压的分配情况如图 6.16 所示。

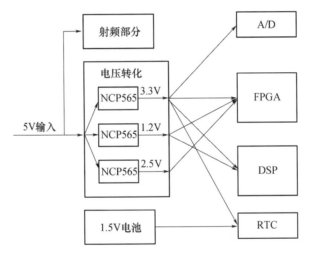

图 6.16 电压分配图

从图 6.16 中可以看出,射频部分采用 5V 供电,并用该电压对天线进行馈电;FPGA 分别用到了 I/O 口的 3.3V、内核的 1.2V 和配置所需的 2.5V;DSP 用到了 I/O 的 3.3V 和内核的 1.2V;A/D 芯片采用 3.3V 供电;RTC 用到了 3.3V 和 1.5V 的断电启用电池。

参 考 文 献

[1] Texas Instruments Incorporated. TMS320VC55x 系列 DSP 的 CPU 与外设[M]. 北京:清华大学出版社,2005.

[2] 姜楠,马迎建,冯翔. DSP 和 FPGA 并行通信方法研究[J].电子测量技术,2008,31(10):147 – 148.

[3] 聂华,刘开华,孙春光,等. DSP 和 FPGA 之间串口通信研究[J]. 电子测量技术,2007,29(7): 112 - 113.

[4] 周委,陈思平,赵文龙,等. 基于 DSP EMIF 口及 FPGA 设计并实现多 DSP 嵌入式系统[J]. 电子技术应用,2008,7:39 - 40.

[5] 徐志军,徐光辉. CPLD/FPGA 的开发与应用[M]. 北京:电子工业出版社,2002.

[6] 徐欣,于红旗,易凡,等. 基于 FPGA 的嵌入式系统设计[M]. 北京:机械工业出版社,2004.

第7章　卫星驯服时钟系统

测控与通信技术的发展促进了高精度时间频率基准源的发展。高精度的时间频率源在各国物理学家的大力推动下,精度越来越高。统计数据表明,频率基准几乎每隔10年就上升一个数量级。目前,铯原子频率基准的准确度已达到10^{-15}数量级。据国内外学者预测,未来光频标的准确度可达10^{-18}。

随着技术的发展,越来越多的民用设施也对时钟系统提出了较高的要求。如移动通信的基站,要求全网基站相互之间的时间误差小于$1\mu s$,此外还对频率的稳定度提出了较高的要求。随着电网信息化的普及,电网的各个节点对时钟系统也提出了较高的要求。

在这种分布式网络中,各个节点时钟误差需保持在一个误差范围内。此时如采用独立的时钟系统,则由于频率的偏差,导致时间误差越来越大。如采用高精度的频率源如原子钟,则价格高,难以普及使用。目前通常采用的方法是采用卫星授时接收机结合本地频率基准,通过对频率基准的驯服,使得全网各节点时钟基本保持同步。

由此可见,采用卫星授时接收机与本地晶振结合的方法可获得精度高一个数量级的时间频率源,该方法具有成本低、精度高的特点,目前已获得广泛的应用。

7.1　概　述

卫星驯服时钟系统是通过接收导航卫星信号实现定时并对自身时钟进行校正的系统。时钟驯服的基本原理是利用卫星授时接收机提供的固定频率信号,与本地振荡器产生的振荡信号进行比对,获得频率差;再通过对本地振荡器的调节,使振荡频率与卫星的振荡频率基本一致。在频率调整过程中,还需要对本地振荡器的相位进行补偿,使本地振荡器输出的分频秒信号与接收机输出的秒信号差值在一定范围内。

卫星驯服时钟系统通常包括卫星定时接收机、频率基准、时钟驯服单元和时钟输出接口等四部分组成(图7.1)。

1. 卫星定时接收机

卫星定时接收机捕获和跟踪导航卫星信号,利用相关峰值并进行时延补偿,恢复出导航卫星系统时间。目前的卫星定时接收机有 GPS、北斗、CAPS 和 GLO-

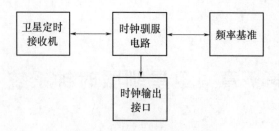

图 7.1 卫星驯服时钟系统框图

NASS,卫星定时接收机通常输出 1 脉冲/s,其时间精度主要取决于 1 脉冲/s 的上升沿,精度一般在 100 ns 以内。

2. 时钟驯服单元

时钟驯服单元利用卫星定时接收机产生的 1 脉冲/s 对本地频率基准进行频率校准。由于卫星定时接收机产生的 1 脉冲/s 具有一定的抖动,但其长期稳定度较好;本地频率基准短期稳定度较好,但存在频率漂移,因此利用 1 脉冲/s 来校正本地频率基准就结合了两者的优点,既具有卫星定时接收机长期稳定度好的优点,又具有本地频率标准短期稳定度好的特点。频率校准一般采用锁相环的方法,通过相位误差进行频率调整;也有采用 1PPS 来对本地频率基准进行测量的方法,通过测得频率差,对频率进行调整。

在卫星驯服时钟系统中核心为时钟驯服单元,时钟驯服通常包括频率差测量、秒抖动处理和频率校准三个过程。

3. 频率基准

频率基准通常采用各种晶振,精度要求不高的场合采用温补晶振,频率稳定度可达到 10^{-6} 的水平,年老化率 10^{-5};有一定精度要求的场合大多采用恒温晶振,频率稳定度可达 10^{-11} 水平,年老化率 10^{-7};对时间精度要求较高的场合,则采用铷原子钟,其频率稳定度可达 10^{-11} 水平,年老化率 10^{-9}。

4. 时钟输出接口

卫星驯服时钟系统通常承担为本地系统提供时钟源的功能,本地系统设备种类较多,其时钟接口往往不一致,因此卫星驯服时钟系统通常需要扩展多种时钟输出接口。目前常用的时钟接口包括串口数据时钟、IRIG - B 码时钟、NTP 网络时钟等。

7.2 频 率 基 准

7.2.1 原子钟

原子频率标准简称原子钟,是根据原子物理学及量子力学的原理,采用原子能级跃迁吸收或发射一定频率的电磁波作为基本频率振荡源的精密计时仪器。

130

原子钟目前是人类能研制的最高精度的频率标准。原子钟在民用通信、电子仪器、导航定位、守时授时等领域都起着十分重要的作用。

原子钟是利用能级跃迁理论来测定时间。物质由原子组成,原子中含有原子核和外层电子,由于运动中的一个原子可能处于多种状态,每种状态与其所具有的能量相对应。具有最低能量的状态叫基态,受外界影响(如磁场、电磁波辐射等)能量随之而变化的状态叫受激态。原子是按照围绕在原子核周围不同电子层的能量差,来吸收或释放电磁能量的,这里电磁能量是不连续的。当原子从一个高能量态跃迁至低能量态时,它便会释放电磁波。这种电磁波特征频率是固定的,这也就是人们所说的共振频率。以这种共振频率为节拍器,原子钟可以来测定时间。

目前,在时间频率计量领域中常用的是铯、氢、铷三种原子频率标准,这三种原子钟产品已进入商用阶段。铷原子钟具有较高的准确度和较好的稳定性,二级计量部门广泛选用铷钟作为频率基准;铯原子钟具有最好的频率准确度和较好的稳定度,主要用于国家的时间频率基准;氢原子钟的稳定度是原子频标中最高的,通常用于国家一级站和科技研发部门。

全世界科技人员仍在持之以恒地开发新型原子钟。目前在实验室研究的新型原子钟有喷泉型、离子阱型、激光抽运型和光原子钟。最近随着飞秒锁模激光梳频率发生器的研制成功使得光频测量技术出现重大进展,加快了光原子钟实用化的发展。

1. 铯原子钟

铯原子钟利用铯原子的物理特性,用能级跃迁的谐振特性产生固定的频率。其最大特点是准确度高。铯原子钟的准确度不是测定的,而是根据可能引入的误差项通过理论及实验的方法来计算和评定。目前国际单位制中秒的定义就是以铯原子的频率为基准定义的。商品化的铯原子钟体积较小,可获得 10^{-13} 频率准确度,获得广泛应用。此外商品化的铯原子钟其输出频率易于控制,通常在原子钟组中作为主钟使用。

铯原子钟的短期稳定度指标一般,不及氢钟。由于铯原子钟的核心部件铯束管一般只有 3 年 ~7 年的寿命,需要定期维护,降低了铯原子钟的使用寿命。

2. 氢原子钟

氢原子钟将经提纯的氢气(即分子状态的氢气)导入装在谐振腔内的球形容器内,与腔内的微波电磁场相互作用产生原子能级跃迁。内壁有涂层的球形容器能允许原子特长时间的相互作用,用微波电磁场包住容器,以减少由于原子碰撞容器壁而引起的扰动。微波的作用使高能态的原子跃迁到低能态,释放出能量,当容器内有足够的原子密度,释放出的能量比谐振腔的损失大时,则可产生自激振荡,称为有源(自激)氢—微波激射器,实际上成为振荡器。当容器的原子跃迁不足以维持振荡时,则需外加激励能量使原子产生跃迁,称为无源(或受激)氢—微波激射器,不能成为自举振荡器,其工作原理与铯钟或铷钟方式相同。

氢原子钟的频率稳定度比铯钟、铷钟要好,频率准确度较铯钟差。氢原子钟由于工作机理的限制,体积和质量较大,价格也高。氢原子钟维护成本低,目前通常用于国家一级站和科技研发部门。

3. 铷原子钟

铷原子钟的基本工作原理与铯钟相似,都是利用能级跃迁的谐振频率作为基准。与铯钟和氢钟相比,铷原子钟由于物理部分的原子选态和谐振都是在吸收泡内进行,因此结构紧凑,体积较小,质量轻,耗电较少。铷原子钟的频率准确度受到多方面因素的干扰,因此其输出频率一般不适合作为频率计量的标准。

铷原子钟有较好的短期频率稳定度,在时间常数小于 1000s 时优于铯钟,老化率优于晶体振荡器,预热时间较短,价格比铯钟、氢钟低。因此,铷原子钟可直接应用于各种装置设备。目前部分移动通信基站、电力系统变电站采用铷原子钟作为基准源,可见其应用领域十分广泛。

4. 喷泉型原子钟

喷泉型原子钟属于冷原子型频率标准。影响传统原子钟准确度提高的最主要因素是原子的高速运动导致的多项频移效应,因此降低原子速度是提高原子钟性能的关键方法。利用激光冷却技术制备速度极低的冷原子实现"原子喷泉"(把慢速的原子束垂直上抛,然后让它们在重力场中自由下落,就可以形成像喷泉一样的形状),从而可以得到全新高精度的冷原子钟。目前铯原子喷泉频率标准实现的准确度可达到 10^{-15} 量级。

5. CPT 原子钟

CPT(Coherent Population Trapping)原子钟是利用原子的相干布局囚禁原理而实现的一种新型原子钟,采用"相干布局囚禁"出现的两种现象——电磁感应透明(暗线)和相干微波辐射,可以用作参考谱线,形成被动型和主动型两种原子钟技术。被动型 CPT 原子钟,由于它不需微波腔及其相关部件,体积可做得很小,成为芯片型原子钟,因此是目前从原理上唯一可实现微型化的原子钟,其体积、功耗比目前体积、功耗最小的铷原子钟相比还要小得多,最小的 CPT 原子钟可为手表尺寸,并用纽扣电池供电。并且随着芯片级 CPT 钟的发展,CPT 原子钟在远程通信系统定时、大范围通信网络同步等方面具有很好的应用前景。

6. 光原子钟

铷、铯、氢原子跃迁频率均为微波频段。由于光的频率更高,如果能利用光作为频率计量标准,其准确度与精度都将获得进一步的提高。光频率标准实现需要频率稳定和准确的激光器,还需要实用的频率变换装置。随着基于锁模飞秒脉冲激光的光学频率梳的发现,使光钟的实现成为可能。

由于光学频率比微波频率高 10^5 量级,因此分辨率更高;光钟是基于单个囚禁离子的频标,不存在离子间相互作用引起的频移效应,因此可获得更窄的谱线。2001 年,美国 NIST 实现了基于单个激光冷却与囚禁 Hg^+ 的光钟,稳定度达到 7×10^{-15}。目前光钟频率稳定度可达 10^{-18}。

由于光学频率的迅速发展,光学频标有望成为时间、长度的计量标准。

7.2.2 石英晶体振荡器

晶体振荡器是目前在电子设备中应用最为广泛的振荡器件。晶体振荡器是利用石英晶体(二氧化硅的结晶体)制成的一种谐振器件,它的基本构成大致是:从一块石英晶体上按一定方位角切下薄片(简称为晶片,它可以是正方形、矩形或圆形等),在其对应面上涂敷银层作为电极,在每个电极上各焊一根引线接到管脚上,再加上封装外壳就构成了石英晶体谐振器,简称为石英晶体或晶体、晶振。其产品一般用金属外壳封装,也有用玻璃壳、陶瓷或塑料封装的。

采用石英晶体构成的振荡电路具有很高的品质因素,其 Q 值一般为数十万到一两百万。然而石英晶体对环境敏感,特别是对温度敏感。温度是影响晶体及振荡器频率变化的最主要因素。石英晶体的谐振频率会随工作时间发生缓慢而单调的变化,这种现象称为老化。此外石英晶体对于加速度和核辐射也敏感。

国际电工委员会(IEC)将石英晶体振荡器分为 4 类:普通晶体振荡器(Simple Packaged Crystal Oscillator,SPXO),温度补偿晶体振荡器(Temperature Compensated Crystal Oscillator,TCXO),恒温晶体振荡器(Oven Controlled Crystal Oscillator,OCXO),压控晶体振荡器(Voltage Controlled Crystal Oscillator,VCXO)。其中 TCXO 和 OCXO 一般具有压控端输入,也属于压控晶体振荡器。目前发展中的还有数字补偿式晶体振荡(DCXO)和微机补偿晶体振荡器(MCXO)等。

1. 普通晶体振荡器

普通晶体振荡器是一种没有采取温度补偿措施的晶体振荡器,在整个温度范围内,晶振的频率稳定度取决于其内部所用晶体的性能,一般用于普通场所作为本振源或中间信号,是晶体振荡器中价格比较低的一种产品。

2. 温度补偿晶体振荡器

温度补偿晶体振荡器是在晶振内部采取了对晶体频率温度特性进行补偿,以达到在宽温温度范围内满足稳定度要求的晶体振荡器。一般模拟式温补晶振采用热敏补偿网络。补偿后频率温度系数一般在 10^{-6} 量级,由于其良好的开机特性、优越的性能价格比及功耗低、体积小、环境适应性较强等多方面的优点,因而获得了广泛应用。目前导航卫星接收机一般采用 TCXO 作为振荡器。

3. 恒温晶体振荡器

恒温晶体振荡器采用精密控温,使电路元件及晶体工作在晶体的零温度系数点的温度上。一般频率温度系数在 10^{-8} 量级。OCXO 的短期稳定度可达 $10^{-12}/s$,许多原子钟利用原子物理部分和 OCXO 组合,原子物理部分主要用来改善长期稳定度,而短期稳定度则主要决定于OCXO的性能。

4. 压控晶体振荡器

压控晶体振荡器是一种可通过调整外加电压使晶振输出频率随之改变的晶体振荡器,主要用于锁相环路或频率微调。其原理是通过调节变容二极管两端电压改变变容二极管容值,进而改变振荡电路的输出频率。压控晶振的频率控制范围及线性度主要取决于电路所用变容二极管及晶体参数两者的组合。

7.2.3　MEMS振荡器

MEMS(Micro-Electro-Mechanical Systems)是指以微传感器、微执行器以及驱动和控制电路为基本元器件组成的、自动性能高、可以活动和控制、机电合一的微机械装置。MEMS振荡器是指利用MEMS技术在硅或者非硅芯片中形成高Q值谐振器,再利用谐振器构成的稳频振荡器。MEMS振荡器具有体积小、成本低、功耗低、可靠性高的优点。由于能采用成熟的标准集成电路工艺制作,接口保持与传统产品相兼容,发展速度很快,现已由研究阶段逐渐步入产业阶段,其产品已部分替代石英晶体振荡器,广泛用于消费、医疗、网络、通信、汽车和工业设备中。

7.3　频率基准的技术指标

衡量频率特性的主要技术指标包括频率准确度、频率稳定度、频率漂移率和频率偏差等。

7.3.1　频率准确度

频率准确度的定义为

$$A = \frac{f_x - f_0}{f_0}$$

式中:f_x为被测频率标准的实际频率值;f_0为标称频率值。由式可见,当被测频率偏差越大,A越大。因此采用该式表达的频率准确度实际是频率不确定度。

频率准确度是描述频率标准输出的实际频率值与其标称频率的相对偏差。但在测量时无法得到标称频率,只能以参考频率标准的实际频率值作为标准来测量被测频率的实际频率值。因此要求参考频率标准的准确度应比被测频率高一个数量级以上。

7.3.2　频率稳定度

频率准确度是频率基准的重要指标。在频率准确度评定后,要保持频率准确度就要由信号源的频率稳定度来保证。频率基准的频率稳定度与老化、环境温度等因素有关。如果频率变化遵循一定的规律,可以通过技术手段加以消除。但频率基准的输出频率常受噪声影响而产生随机起伏,该随机起伏不像一般的随机误差那样遵守高斯分布,因此不能用经典的统计方法即标准偏差来描述频率稳定度。

目前频率稳定度的表征有频域表征和时域表征两种方式,频域表征用相对频率起伏的功率谱密度表示,时域表征则用阿仑方差表示。对于星载原子钟常用哈德曼方差表示。哈德曼方差与阿仑方差相比,其可以消除时钟可预测漂移的影响,更能反映频率的不确定波动。

7.3.3 频率漂移率

频率标准在连续运行过程中,由于频率输出元器件本身老化等因素,以及环境因素和负载能量变化影响,其输出频率常随运行时间单调增加或减少,且频率变化常呈现线性规律。一般把频标随运行时间单调变化的速率称为频率漂移率。对于 OCXO,其频率漂移通常是由其关键器件石英晶体随运行时间的老化造成的,因此,常把其频率漂移率称为频率老化率。

7.4 频率差测量

在卫星驯服时钟系统中,利用卫星授时接收机产生的秒脉冲对本地频率基准进行测量,根据测量结果对本地频率基准进行频率调整。频率差测量通常采用相位差来实现测量,通过测量相位差获得周期差,进而获得频率之间的差值;通常测量卫星授时接收机产生的整秒信号和本地频率基准的分频秒的相位差来实现。而相位差的测量一般采用脉冲间隔计数器,就是在两个秒之间用一定频率的脉冲进行计数。

设溯源的卫星系统秒周期为 T_1,则自测试时起第 n 秒接收机恢复出的时刻为 $nT_1 + \Phi_{1n}$,其中:Φ_{1n} 为随机噪声。本地振荡器的秒周期为 T_2,则第 n 秒脉冲输出时刻为 $nT_2 + a$,a 为初相误差。周期差测量原理如图 7.2 所示。

则第 n 秒测量值:

$$S_n = nT_1 + \Phi_{1n} - nT_2 - a \qquad (7.1)$$

相邻两秒的差值:

$$S_n - S_{n-1} = T_1 - T_2 + \Phi_{1n} - \Phi_{1(n-1)} \qquad (7.2)$$

则周期差:

$$\Delta T = \frac{1}{N}\left(\sum_{n=1}^{N}(S_n - S_{n-1}) + \sum_{n=1}^{N}(\Phi_{1n} - \Phi_{1(n-1)}) \right) \qquad (7.3)$$

由于 Φ_{1n} 为均值为零的随机量,故:

$$\sum_{n=1}^{N} \left(\Phi_{1n} - \Phi_{1(n-1)} \right) = \sum_{n=1}^{N} \Phi_{1n} - \sum_{n=1}^{N} \Phi_{1(n-1)} = 0 \qquad (7.4)$$

因此周期差：

$$\Delta T = \frac{1}{N} \sum_{n=1}^{N} \left(S_n - S_{n-1} \right) \qquad (7.5)$$

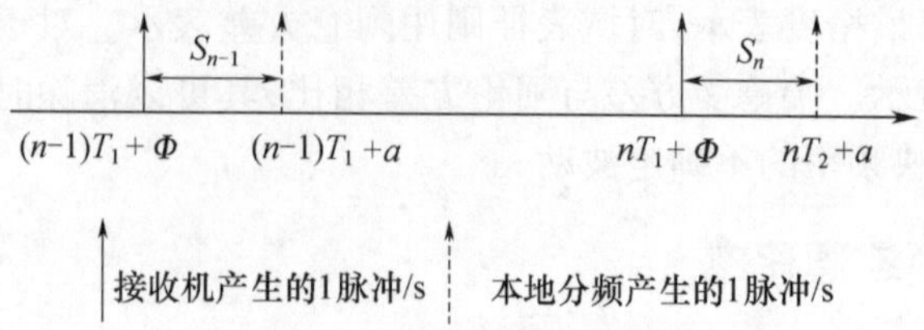

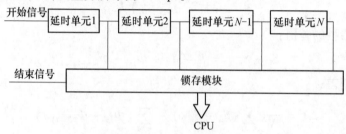

图 7.2 周期差测量的原理

当采用时间间隔计数进行相位差测量时，测量精度取决于脉冲频率。10MHz 的晶振，其测量精度为 100 ns；采用倍频锁相电路则可提高精度，如 10MHz 晶振采用 10 倍频则可以获得 10 ns 的测量精度；如采用 FPGA 的 DCM，可获得最高约 150MHz 的频率，这样就可获得 6.67 ns 左右的测量精度。为了进一步提高测量精度，必须要对量化误差进行测量[4]。一种方法将量化误差转换为电压幅度，该方法也称为 T - V 法，通过高分辨率的 A/D 采样获得量化误差的精确值。参考文献[5]对该方法进行了论述，并且制作成功一个时间间隔测量仪，该测量仪采用电容充放电技术结合双通道 A/D 转换器，计数器时钟频率为 10MHz，测量分辨力达到了 400 ps。

另一种方法则采用量化延迟的方法为量化误差进行测量；利用信号在媒体中传播的时延稳定性，通过将信号所产生的延时进行量化，实现了对短时间间隔的测量。其基本原理如图 7.3 所示。让信号通过一系列的延时单元，依靠延时单元的延时稳定性，在计算机的控制下对延时状态进行高速采集与数据处理，从而实现了对短时间间隔的精确测量。量化时延的实现依赖于延时单元的延时稳定性，其分辨力取决于单位延时单元的延迟时间。参考文献[6]、[8]分析了量化延迟测量方法的误差，参考文献[8]利用 FPGA 的延迟单元作为延迟线，采用了 128 个延迟单元，测量分辨率为 100 ps。

图 7.3 量化延迟的测量原理

此外还有游标法,其测量原理与游标卡尺类似,采用两个有一定差值的频率信号进行测量。但该方法对频率稳定度要求高,电路结构很复杂,成本高,实现起来困难。

7.5 秒抖动的处理

卫星授时接收机由于信号传输距离长,易受干扰等特点,其输出的 1 脉冲/s 具有一定的抖动。秒信号包含多种误差成分,如:①卫星时钟误差;②星历误差;③电离层的附加延时误差;④对流层的附加延时误差;⑤多路径误差;⑥接收机本身的误差。如 GPS 授时型接收机在正常定位模式下,输出秒的抖动方差 $\sigma < 50\text{ns}$;在位置保持模式下,输出秒的方差 $\sigma < 20\text{ns}$。由于秒信号的抖动,需要采取措施对秒信号的抖动进行处理。

卫星接收机输出秒的抖动大多属于随机误差。由于 Kalman 滤波能解决最佳线性过滤和估计的问题,通过状态方程和递推方法进行处理。它以最小均方误差为准则,用前一个估计值和最近一个观测数据来估算,适用于实时处理[9,10]。

设连续两次测量之间的时间间隔为 1s,采用本地振荡器对两个 1 脉冲/s 之间的间隔进行计数,状态向量 X_k 表示的是第 k 时刻的时间差(ΔT_i)真值,X_k 是一个一维向量。观测向量 Y_k 是测量得到的含噪声的时间差(即真实的时差值加上观测噪声)数据序列,则

$$X_k = \boldsymbol{\Phi}_{k,k-1} X_{k-1} + W_{k-1}, k = 1, 2, \cdots \qquad (7.6)$$

$$Y_k = H_k X_k + V_k, k = 1, 2, \cdots \qquad (7.7)$$

式(7.6)中,$\boldsymbol{\Phi}_{k,k-1}$ 称为系统的状态转移矩阵,它反映了系统从第($k-1$)个采样时刻的状态到第 k 个采样时刻的状态的变换;W_k 为高斯白噪声序列,具有已知的零均值,其协方差阵为 Q_k。式(7.7)中,H_k 为观测矩阵;V_k 是观测噪声,为高斯白噪声序列,具有已知的零均值,其协方差阵为 R_k。

为进行卡尔曼滤波的迭代递推运算首先需对时间差值作初步的估计,通常对观测数据进行简单的平均计算得到平均值 X_0。用这个值对滤波器进行初始化,会加快滤波器的收敛速度。此时,估计误差的协方差矩阵初值取为

$$C_0 = E[(X - X_0)(X - X_0)^{\mathrm{T}}] \qquad (7.8)$$

C_0 是进行卡尔曼滤波的迭代递推所必需的初始值。此后,则按图 7.4 所示流程进行计算,最后得到处理过的时间差值 $\widetilde{X}_k$。

如果对输出的 1 脉冲/s 进行分析,卫星接收机输出的 1 脉冲/s 相互之间不存在紧密关联的关系,采用滑动平均的方法,取最近的 n 次测量值,再做平均。该方法实现简单,效果也很好。

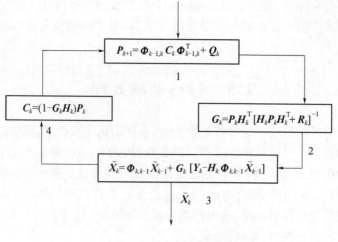

$$P_{k+1} = \Phi_{k-1,k} \, C_k \, \Phi_{k-1,k}^{\mathrm{T}} + Q_k \qquad 1$$

$$C_k = (1 - G_k H_k) P_k \qquad 4$$

$$G_k = P_k H_k^{\mathrm{T}} [H_k P_k H_k^{\mathrm{T}} + R_k]^{-1} \qquad 2$$

$$\tilde{X}_k = \Phi_{k,k-1} \tilde{X}_{k-1} + G_k [Y_k - H_k \Phi_{k,k-1} \tilde{X}_{k-1}]$$

$$\tilde{X}_k \qquad 3$$

图 7.4 卡尔曼滤波处理

$$\widetilde{X}_k = \sum_{j=k-n}^{k} X_k \qquad (7.9)$$

7.6 频率校准

在获得频率差后,则根据频标的频率控制特性产生一个调节值,利用该调节值对本地频率源进行调整。根据本地频率源的特点,调节方式有多种,当本地频率源为压控,或者可用电压进行小范围调节,则输出调节量为电压;通常采用 D/A 转换芯片实现控制电压,由于对 D/A 转换速率要求不高,一般采用串行 D/A 芯片即可满足要求。为降低成本,有文献提出通过控制 RC 充电时间获得控制电压[10]。当本地频率源为 DDS 输出时,则根据调节值调节频率控制字。

参考文献[11]提出采用单片机读入相差,建立了一个数字锁相环,根据锁相环的输出调整恒温晶振的调谐电压;参考文献[9]提出利用相位差来获得频率差的方法,但没有提出相位补偿方案;参考文献[12]提出将 GPS 与短稳性能好的 OCXO 结合,构成数字锁相环,以锁定后的频率作为直接数字频率合成器的参考;该文献未能详细描述数字锁相环的设计和实现。

获得调节值的方法有多种,参考文献[9]提出采用测得频率差后,根据频率差计算出调节电压,对输出进行补偿;这种补偿方式是一种一次性补偿,补偿过程会造成相位的突变,不适于对相位有严格要求的场合;采用反馈调节的方法也可获得调节值,在反馈补偿中,PI 调节器由于结构简单、动态性能好获得广泛应用。

由于本地振荡器除频率不准确外,频率还不稳定,存在漂移。频率校准环节实现了频率准确度的校准,仍无法解决振荡器自身的频率不稳定带来的问题。

为了克服振荡器自身频率的不稳,需要采用频率补偿措施。频率补偿措施有两种:一种是根据温度进行频率补偿,建立温度与频率的关系,根据温度得到频率控制电压,实现补偿;另一种根据时间补偿,根据预先得到的频率随时间变化的曲线,建立时间与控制电压的关系,进行补偿。

在卫星授时与本地晶振结合的技术中,参考文献[13]、[14]提出先根据GPS的秒信号建立晶振的一元二次方程,对晶振进行实时修正,这种方法需要预先对晶振进行大量测试,由于生产上的差异,模型不具有广泛的可用性,如考虑到晶振本身的老化率,该模型将更为复杂。

7.7 时钟驯服模型

通常时钟驯服系统的组成如图7.5所示。卫星授时接收机输出的1脉冲/s与本地分频输出的1脉冲/s进行数字鉴相;鉴相的结果送入调节器,调节器根据鉴相的结果可以得到频率差,或者采用反馈控制的方法,得到调节量;该调节量对本地频率源的频率进行调整。这是一个反馈控制系统,采用PI控制可获得较好的调节效果。

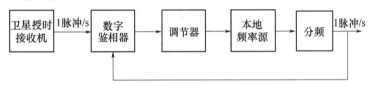

图7.5 时钟驯服系统组成

当采用PI控制时,PI调节器根据数字鉴相器输出的鉴相值产生调节电压,在该调节电压下,根据PI调节器的特性,本地输出的1脉冲/s会逐步跟踪卫星的1脉冲/s,如卫星的1脉冲/s稳定,则最终的相位误差为0。当本地的1脉冲/s锁定卫星的1脉冲/s后,其频率也得到了校准。

将图7.5简化为控制系统框图,则可得到图7.6。图7.6中$E(S)$为得到的相位差,K_P为比例系数,K_i为积分系数。$V(S)$为比例积分器的输出量。对于压控的OCXO而言,输入的电压与输出的频率有一个比例关系,则可认为相当于比例环节,用K_F表示。$F(S)$则表示输出的频率,分频则相当于一个积分环节,输出的$Y(S)$表示相位。可见采用PI调节器的卫星驯服时钟是一个二阶系统。

根据框图求此二阶系统的传递函数,可得:

$$\left[X(S) - Y(S) \right] \cdot \left(K_P + \frac{K_i}{S} \right) \cdot K_F \cdot \frac{1}{S} = Y(S) \tag{7.10}$$

$$G(S) = \frac{Y(S)}{X(S)} = \frac{K_P \cdot K_F \cdot S + K_F \cdot K_i}{S^2 + K_P \cdot K_F \cdot S + K_F \cdot K_i} \tag{7.11}$$

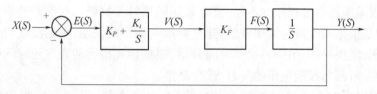

图 7.6 卫星驯服时钟系统模型

可见该传递函数是一个典型的二阶系统,具有两个极点和一个零点,分母可以表示为

$$S^2 + K_P \cdot K_F \cdot S + K_F \cdot K_i = S^2 + 2\xi\omega_n^2 + \omega_n^2 \qquad (7.12)$$

阻尼系数 $\xi = \dfrac{K_P}{2}\sqrt{\dfrac{K_F}{K_i}}$;谐振频率 $\omega_n = \sqrt{K_F \cdot K_i}$

最大超调量 $M_P = 100\mathrm{e}^{-\xi\pi/\sqrt{1-\xi^2}}$;

当系统构建好后,K_F 基本确定。由上式可见,K_P 越大,则阻尼系数越大;K_i 越大,则谐振频率越高,达到稳态值振荡次数增加。

7.8　自适应 PI 调节

由上分析可见,K_P 与 K_i 的选取决定了系统的跟踪响应。以 GPS 驯服高稳晶振为例阐述卫星驯服时钟的过程。

1. 频率校准

在这个阶段,高稳晶振的分频秒开始跟踪 GPS 的 1 脉冲/s;此时由于存在一定相位差,并且高稳晶振的控制电压端电压尚未建立,高稳晶振的频率还存在一定的偏差,在这个阶段,主要进行频率的校准,并逐步消除相位差。

2. 频率锁定

当频率校准阶段完成后,高稳晶振的频率基本得到校准,与 GPS 的 1 脉冲/s 相差维持在一个较小的范围内,此时进入频率锁定阶段;在这个阶段,主要克服电路的不稳定导致控制电压的偏差和高稳晶振自身频率的漂移。在这个阶段,由于晶振的频率已得到校准,其输出的分频 1 脉冲/s 稳定度较高,而 GPS 的 1 脉冲/s 具有一定的抖动,因此需要降低 GPS 的 1 脉冲/s 抖动带来的影响。

通过分析 GPS 驯服高稳晶振的过程,可以看到,在频率校准阶段,需要快速的实现相位跟踪,并且避免较大的相位超调量,因此可以采用较大的 K_P;在频率锁定阶段,需要避免 GPS 接收机秒的抖动,可采用较小的 K_P;在频率锁定阶段,对频率的调整在一个小范围内进行,为避免相位的突变,频率的调整应缓慢进行,此时 GPS 的 1 脉冲/s 的控制应减弱,K_i 也应减小。K_P、K_i 的变化过程如图

7.7 所示。当频率校准阶段完成后,OCXO 的控制电压值保持稳定,此时如改变比例积分系数,会导致控制电压变化;为防止控制电压值的突变,系数的改变逐步进行。因此在频率校准和频率锁定阶段,还有一个参数调整阶段。

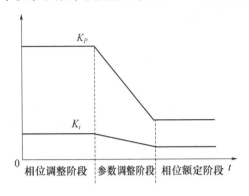

图 7.7   自适应参数调节

自适应 PI 调节器的实现描述如下:

PI 调节器为比例积分调节。数字鉴相器采用脉冲间隔计数来实现,在 GPS 的 1 脉冲/s 和分频 1 脉冲/s 之间用 10MHz 脉冲进行计数。数字鉴相器每秒送出一个脉冲间隔计数值,PI 调节器为离散控制器,根据当前的计数值和以往的计数值,每秒计算出一个调节值,其调节器的计算如式(7.13)所示:

$$v(n) = K_P(n) \cdot e(n) + K_i(n) \cdot \sum_{k=1}^{n} e(k) \qquad (7.13)$$

该调节值通过一个 D/A 转换器转换为模拟电压,施加在高稳晶振的控制电压输入端,实现对高稳晶振频率的微调作用。

设在第 $n = n_0$ 后系统进入参数调整状态,n_1 后系统进入频率锁定,则

$$K_P(n) = \begin{cases} K_{P1}, n < n_0 \\ K_{P1} - f_P \cdot (n - n_0), n_0 < n < n_1 \\ K_{P2}, n > n_1 \end{cases} \qquad (7.14)$$

$$K_P(n) = \begin{cases} K_{i1}, n < n_0 \\ K_{i1} - f_i \cdot (n - n_0), n_0 < n < n_1 \\ K_{i2}, n > n_1 \end{cases} \qquad (7.15)$$

式中:K_{P1},K_{P2}分别为调整前后的比例系数;f_P 为比例系数的调整系数;K_{i1},K_{i2}分别为调整前后的积分系数;f_i 为积分系数的调整系数。

在 MATLAB 里建立晶振驯服的模型,取 $K_P = 16$,$K_i = 1/16$,通过计算系统的前向增益系数,可得 $K_F = 0.01953125$。则系统模型为

$$G(S) = \frac{0.304 + 0.0011875}{S^2 + 0.304S + 0.0011875} \qquad (7.16)$$

在频率校准阶段,此时晶振频率存在一个偏差,晶振驯服的目的是纠正这个频率偏差,系统跟踪的过程相当于对阶跃信号的响应;在频率跟踪阶段,由于频率已基本稳定,该阶段目的是防止 GPS 秒突然跳动对输出频率造成大的波动,而对 GPS 秒的波动的响应则相当于对冲击信号的响应。因此构建如下输入信号:

$$x(t) = u(t - t_1) + \delta(t - t_2) \tag{7.17}$$

式中:t_1 为阶跃信号施加时刻,t_2 为冲激信号施加时刻。激励信号如图 7.8(a)所示,当 $K_P = 16$,$K_i = 0.0625$ 时系统的响应如图 7.8(b)所示,当 $K_P = 1.6$,$K_i = 0.00625$ 时系统响应如图 7.8(c)所示。可见较小的比例积分系数降低了脉冲抖动带来的影响。

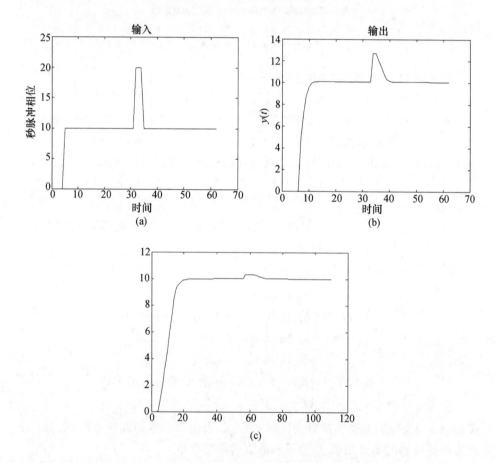

图 7.8 仿真的输入输出信号波形

(a)输入信号;(b) $K_P = 16$,$K_i = 0.0625$ 输出响应;(c) $K_P = 1.6$, $K_i = 0.00625$ 输出响应。

7.9 基于 FPGA 的时钟驯服系统

参考文献[11]提出采用 EPLD 构成数字鉴相环,由摩托罗拉公司 Power PC 芯片 MPC8260 构成的 CPU 系统读入相差值,通过一定的控制算法,输出一个 16 bit 的数字调谐电压给 DPA 转换器,DPA 将其变成一个模拟量去控制 OCXO 频率的变化。在高精度数字鉴相器的实现上,一般采用可编程器件(CPLD)实现,因 CPLD 电路延迟固定[14],可采用粗精计数方法,提高时延测试精度。而 FPGA 由于延迟不固定,Xilinx 的 FPGA −4 系列最大输入频率 150MHz,可实现 8.6ns 的频率分辨率。

参考文献[10]提出采用 CPLD 器件 EPM8128SLC81015 进行鉴相,采用 IN-TEL 80C196 KC 作为控制器,控制器计算出所需要的补偿数据,并根据补偿数据输出一个用于补偿的周期不变脉宽可调的补偿方波,再通过一个简单的无源 RC 积分网络(即补偿电路)得到补偿电压。

本节介绍一个采用 PI 调节器的高稳晶振驯服系统。其配置如下:

(1) GPS 卫星授时接收模块:M12T。

(2) 晶振:高稳恒温晶振,10MHz 输出。

(3) 主控制芯片:Xilinx FPGA,型号:XC3S1000。

构建的试验系统如图 7.9 所示,GPS 授时接收机的 1 脉冲/s 送入 FPGA,高稳晶振的 10MHz 时钟通过时钟接口电路送入 FPGA,FPGA 通过计算得到控制值,通过对 D/A 转换器的控制得到调节电压。D/A 转换器采用 12 位串行 D/A 转换器,电压分辨率 1.22mV;高稳晶振的频率可调范围为 5Hz,则可控的频率可调分辨率为 1.22MHz。

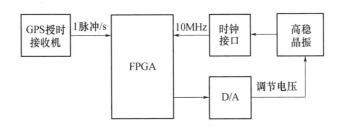

图 7.9　采用 PI 调节器的频率校准

采用自适应 PI 调节器,设置参数如下:

比例环节:$K_{P1} = 16$,$K_{P2} = 1.6$,$f_P = 0.25$;

积分环节:$K_{i1} = 0.0625$,$K_{i2} = 0.0125$,$f_i = 0.25$。

则系统跟踪情况如图 7.10 所示,图中纵坐标的单位为 100 ns,可见系统在启动后400 s左右完成了频率校准,800 s后进入了频率锁定。此后相位跟踪误差小于100ns。

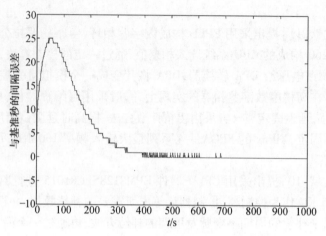

图 7.10　试验系统的跟踪情况

7.10　应用与展望

卫星驯服时钟系统在与卫星系统同步的情况下,频率准确度基本与卫星系统一致,而本地振荡器的频率漂移会实时得到修正;因此,在同步下卫星驯服时钟系统通常可获得比本地振荡器高一个数量级的精度[16];在未接收到卫星信号的情况下,将进入守时阶段,此时本地振荡器的频率在同步状态下已得到了校准,但频率的漂移无法克服,随着守时时间的延长,频率和相位的偏差将逐步增大,此时需依赖存储的振荡器模型进行修正。从目前厂家水平来看,采用 GPS 驯服的铷钟系统,在失锁24h后,频率准确度可保持在 3×10^{-11} 的水平。

随着卫星导航系统应用范围不断普及,可供选择的卫星系统越来越多。目前可用的卫星系统国内有北斗、CAPS,国外有 GPS、GLONASS、Galileo。与此同时,卫星授时接收机的价格也在不断下降。这些都促进了卫星驯服时钟系统的发展。卫星驯服时钟系统目前已成为分布式网络时间同步的首选,在电信、电力系统中获得广泛应用。随着晶振的技术水平的不断提高,FPGA 和 EPLD 技术的发展,卫星驯服时钟系统的精度进一步提高,将在更广泛的领域获得应用。

参 考 文 献

[1] Kaplan E D. GPS 原理与应用[M]. 2 版. 北京:电子工业出版社,2002.

［2］谭述森. 卫星导航定位工程［M］. 北京:国防工业出版社,2008.

［3］马煦,瞿稳科,韩玉宏,等. 卫星导航系统授时精度分析与评估［J］. 电讯技术,2008,48(2): 112 - 115.

［4］孙杰,潘继飞. 高精度时间间隔测量方法综述［J］. 计算机测量与控制,2008,15(2):145 - 148.

［5］Ruot salainen E R,Rahkonen T,Kostamovaara J. Time Interval measurements using time-to-voltage conversion with built-in dual-slope A/D conversion［A］. Proc. IEEE Symp. Circuits System［C］. 1991;2583 - 2586.

［6］Kalisz J,Pawlowski M,Pelka R. Error analysis and design of the Nutt time-interval digitizer with picosecond resolution［J］. J. Phys. E:Sci. Instrum. ,1988,20:160 - 181.

［7］Kalisz J,Szplet R,Pelka R. Single-chip interpolating time counter with 200 - ps resolution and 43 - s Range ［J］. Transactions on In 2st rumentation and Measurement,1998,46(4):811 - 856.

［8］Szplet R,Kalisz J,Szymanowski R. Interpolating time counter with 100ps resolution on a single FPGA device ［J］. IEEE Transaction on Instrument and Measurement,2000,49(4):883 - 889.

［9］杨旭海,翟惠生,胡永辉,等.基于新校频算法的 GPS 可驯铷钟系统研究［J］.仪器仪表学报,2005,26 (1).

［10］李展,张莹,周渭.基于单片机和 GPS 信号的校频系统［J］.时间频率学报,2005,28(1):68 - 85.

［11］刘春平,安鹤男,张登国. 一种高精度 GPS/GLONASS 同步时钟锁相环［J］.电讯技术,2002(5).

［12］谢强,钱光弟. 基于授时 GPS 的高精度频率源设计与实现［J］.工业控制计算机,2008,20(3):15 - 16.

［13］曾祥君,尹项根,林干,等. 晶振信号同步 GPS 信号产生高精度时钟的方法及实现［J］.电力系统自动化,2003,28(8):48 - 11.

［14］郭向阳,赵振杰. 自适应驯服铷钟的实现［J］.飞行器测控学报,2006,25(4):83 - 86.

［15］曾祥君,尹项根,等.GPS 时钟在线监测与修正方法［J］.中国电机工程学报,2002,22(12):9 - 46.

［16］周渭,王海. 时频测控技术的发展［J］.时间频率学报. 2003,26(2):88 - 94.

［17］翟造成,杨佩红.新型原子钟及其在我国的发展［J］.激光及光电子学进展.2009,3:21 - 30.

［18］王义道. 原子钟及其进展［J］.物理教学,2003,25(4):2 - 4.

［19］赵声衡,赵英.晶体振荡器［M］.北京:科学出版社,2008.

［20］郭海荣,杨生,何海波.导航卫星原子钟频率漂移特性分析［J］.GNSS World of China,2008,5(6):5 - 10.

［21］曹远洪,蒲晓华,刘勇军,等. 铷原子频标小型化发展现状［J］.时间频率学报,2008,30(2): 132 - 138.

［22］费立刚,朱钧,张书练. 光学频率标准与光钟的实现［J］.光学与光电技术,2006,6(4):55 - 62.

第8章 时间同步接口

8.1 概　述

对于广域分布式网络而言,采用卫星授时接收机得到标准时间后,需要将这个时间发布给系统的每个部分。目前有多种时间同步接口标准实现时间的传递。常用的时间同步接口有时间编码,典型的时间码如 IRIG – B 码,IRIG – B 码有直流码(DC 码)和交流码(AC 码),AC 码的信号进行了调制,传输距离较远。在短距离内也常用到时间报文接口,通过 RS232 串口传递时间。光纤由于不受电磁干扰,目前也成为常用的时间传递手段。NTP 网络时间同步采用网络协议来实现计算机的时间同步,目前得到了越来越广泛的应用。但其精度只能达到 ms 数量级,而许多领域往往要求更高的同步精度,因此它的应用受到一定的限制。随着对时间同步精度要求的提高,IEEE 1588 PTP(Precision Time Protocol)受到关注,PTP 的全称是"网络测量和控制系统的精密时钟同步协议标准"。IEEE 1599 协议提供亚微秒的同步精度[9-10],成本较低。它的出现使时钟同步方法在高精度和低成本的要求中达到了很好的平衡,未来它将是网络时钟同步的一种最有发展前途的解决方案。

8.2　时间编码同步

8.2.1　IRIG – B 码

IRIG(Inter-Range Instrumentation Group)是美国靶场司令部委员会的下属机构,称为"靶场时间组"。IRIG 时间编码序列,是由 IRIG 机构提出来的,被广泛应用于时间信息传输系统中。IRIG 的编码格式有多种,其中以 IRIG – B 编码格式应用最为普遍。

IRIG – B 标准码分为 DC 码和 AC 码。交流码是 1kHz 的正弦波载频对直流码进行幅度调制后形成的。直流码为脉冲宽度编码形式,每个码的宽度是 10ms,一帧信息包括 100 个码元,即码元的速率为 100Hz。

IRIG - B 码码元共有 3 种形式,分别为:

(1) 标志位。标志位高电平宽度为 8ms,连续两个标志位则表示一帧信息的开始,其中第二个标志位的上升沿为秒基准前沿。

(2) 二进制"1"。二进制"1"高电平宽度为 5ms。

(3) 二进制"0"。二进制"0"宽度为 2ms。

图 8.1 为 IRIG - B 码的 3 种基本代码,左侧的波形是 IRIG - B 信号的非调制型式,它是一种标准的 TTL 电平,用在传输距离不大的场合,如屏柜内部或者相邻的屏柜。如果传输距离相距甚远,就应将代码进行调制。调制频率 1000Hz,并用幅度的大小来表示二进制 1 和二进制 0。

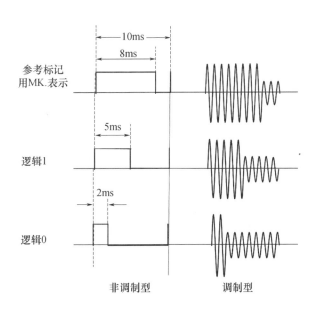

图 8.1 IRIG - B 码的 3 种基本代码

表 8.1 为 IRIG - B 码码元定义。该格式每秒输出一帧,每帧有 100 个代码,每个代码占时 0.01s。IRIG - B 码的帧结构为:起始标志、秒(个位)、分隔标志、秒(十位)、基准标志、分(个位)、分隔标志、分(十位)、基准标志、时(个位)、分隔标志、时(十位)、基准标志、自当年元旦开始的天(个位)、分隔标志、天(十位)、基准标志、天(百位)(前面各数均为 BCD 码)、7 个控制码(在特殊使用场合定义)、自当天 0 时整开始的秒数(为纯二进制整数)、结束标志。按该表的定义,图 8.2 为北京时间 2009 年 11 月 9 日 15 时 19 分 51 秒时 IRIG - B 输出的帧格式。图中"SP"表示索引位,"MK"表示标志位。

表 8.1 IRIG – B 码码元定义

码元序号	定 义	说 明
0	P$_r$	基准码元
1 ~ 4	秒个位,BCD 码,低位在前	
5	索引位	置"0"
6 ~ 9	秒十位,BCD 码,低位在前	
9	P$_1$	位置识别标志#1
10 ~ 13	分个位,BCD 码,低位在前	
14	索引位	置"0"
15 ~ 17	分十位,BCD 码,低位在前	
19	索引位	置"0"
19	P$_2$	位置识别标志#2
20 ~ 23	时个位,BCD 码,低位在前	
24	索引位	置"0"
25、26	时十位,BCD 码,低位在前	
27、28	索引位	置"0"
29	P$_3$	位置识别标志#3
30 ~ 33	日十位,BCD 码,低位在前	
34	索引位	置"0"
35 ~ 39	日十位,BCD 码,低位在前	
39	P$_4$	位置识别标志#4
40、41	日百位,BCD 码,低位在前	
42 ~ 49	索引位	置"0"
49	P$_5$	位置识别标志#5
50 ~ 53	年个位,BCD 码,低位在前	
54	索引位	置"0"
55 ~ 59	年十位,BCD 码,低位在前	
59	P$_6$	位置识别标志#6
60	闰秒预告(LSP)	在闰秒来临前 1s ~ 59s 置"1",在闰秒到来后的 00s 置"0"
61	闰秒(LS)标志	"0":正闰秒,"1":负闰秒
62	夏时制预告(DSP)	在夏时制切换前 1s ~ 59s 置"1"
63	夏时制(DST)标志	在夏时制期间置"1"
64	时间偏移符号位	"0": + ,"1": -
65 ~ 68	时间偏移(h),二进制,低位在前	时间偏移 = IRIG – B 时间 – UTC 时间(时间偏移在夏时制期间会发生变化)

码元序号	定　义	说　明
69	P₇	位置识别标志#7
70	时间偏移(0.5h)	"0":不增加时间偏移量 "1":时间偏移量额外增加0.5h
71～74	时间质量,二进制,低位在前	0x0:正常工作状态,时钟同步正常 0x1:时钟同步异常,时间准确度优于1ns 0x2:时钟同步异常,时间准确度优于10ns 0x3:时钟同步异常,时间准确度优于100ns 0x4:时钟同步异常,时间准确度优于1μs 0x5:时钟同步异常,时间准确度优于10μs 0x6:时钟同步异常,时间准确度优于100μs 0x7:时钟同步异常,时间准确度优于1ms 0x9:时钟同步异常,时间准确度优于10ms 0x9:时钟同步异常,时间准确度优于100ms 0xA:时钟同步异常,时间准确度优于1s 0xB:时钟同步异常,时间准确度优于10s 0xF:时钟严重故障,时间信息不可信赖
75	校验位	从"秒个位"至"时间质量"按位(数据位)进行校验的结果
76～79	保留	置"0"
79	P₉	位置识别标志#9
90～99 90～97	一天中的秒数(SBS),二进制,低位在前	
99	P₉	位置识别标志#9
99	索引位	置"0"
99	P₀	位置识别标志#0

目前电力系统 IRIG–B 码应用较为广泛,其 2009 年 7 月发布的行业标准 DL/T 1100.1—2009 对 IRIG–B 码的电气特性要求如下:

1. IRIG–B（DC）码

（1）每秒 1 帧,包含 100 个码元,每个码元 10ms。

（2）脉冲上升时间:不大于 100ns。

（3）抖动时间:不大于 200ns。

（4）秒准时沿的时间准确度:优于 1μs。

（5）接口类型:TTL 电平、RS–422、RS–495 或光纤。

（6）使用光纤传导时,灯亮对应高电平,灯灭对应低电平,由灭转亮的跳变对应准时沿。

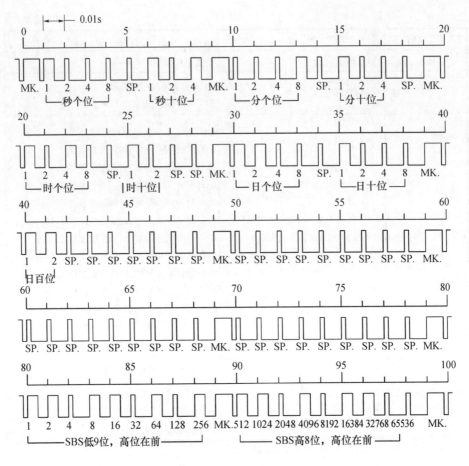

图 8.2　IRIG – B 码帧格式

（7）采用 IRIG – B000 格式。

2. IRIG – B（AC）码

（1）载波频率:1kHz。

（2）频率抖动:不大于载波频率的 1%。

（3）信号幅值（峰峰值）:高幅值为 3V～12V 可调,典型值为 10V;低幅值符合 3:1～6:1 调制比要求,典型调制比为 3:1。

（4）输出阻抗:600Ω,变压器隔离输出。

（5）秒准时点的时间准确度:优于 20μs。

（6）采用 IRIG – B120 格式。

8.2.2　IRIG – B 码解码的实现

在进行 IRIG – B 码的解码时,首先需要正确地检测出 IRIG – B 码的脉冲电平宽度。根据 IRIG – B 码的编码方式,找到两个连续的 8ms 脉冲的第二个 8ms

150

脉冲的上升沿,为时间同步信息的起始点,并以尽可能小的延时生成1脉冲/s秒脉冲信号。再根据5ms和2ms脉冲的位置,提取出绝对时间信息,并用BCD码表示为该1脉冲/s脉冲的具体时间信息。

因此,在进行IRIG－B码的解码时,需要提取出两种信息,一种是判断IRIG－B码的起始点,并在次时间生成1脉冲/s脉冲;另一种是提取IRIG－B码中包含的绝对时间信息,并以BCD码的形式表示。以下阐述利用VHDL语言来实现IRIG－B码解码的实现。

1. 1脉冲/s脉冲信号的产生

根据IRIG－B码的编码方式,两个连续的8ms宽脉冲的第二个8ms宽脉冲的上升沿为该秒的起始点。因此就需要检测出脉冲的电平宽度,并且正确判断出两个连续的8ms宽脉冲的位置,在第二个8ms宽脉冲的上升沿产生1脉冲/s脉冲信号。图8.3为1脉冲/s脉冲信号的产生框图。

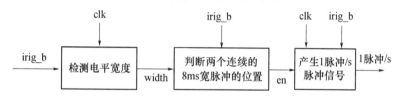

图8.3　1脉冲/s脉冲信号产生框图

1)电平宽度的检测

首先将系统时钟分频产生1kHz的时钟信号clk,并在IRIG－B码的高电平时对clk信号的脉冲个数进行计数。由于1kHz的时钟信号与IRIG－B码信号是不同步的,存在一定的误差,因此在进行IRIG－B码信号高电平宽度的检测时,可能出现的采样情况如表8.2所列。

表8.2　IRIG－B码采样情况

码元	采样计数波动范围
8ms	7、9、9
5ms	4、5、6
2ms	1、2、3

从表8.2中我们可以看出,即使在IRIG－B码信号和clk时钟信号都存在一定的误差时,3种码元信号都不会出现重叠的采样计数值,这样就可以准确的提取出码元信号。

本部分的输入信号为IRIG－B码和1kHz时钟,当IRIG－B码变为高电平时,对clk时钟开始计数,根据采样计数值来判断IRIG－B码的脉冲宽度。

2) 判断两个连续的 8ms 宽脉冲的位置

首先定义两个四位矢量 width_po 和 width_re,把 IRIG – B 码的上升沿作为时钟控制信号,对电平宽度的检测值进行锁存。其代码如下:

```
Process(irig_b)
begin
if rst ='0' then
width_po < ="0000";
width_re < ="0000";
elsif rising_edge(irig_b) then
width_po < =width;
width_re < =width_po;
    end if;
end process;
```

然后对 width_po 和 width_re 的值进行判断,如果 width_po 和 width_re 锁存的值都为 9 时,使能信号 en 为高电平,否则 en 为低电平。

3) 产生 1 脉冲/s 脉冲信号

在两个连续的 9ms 宽脉冲出现时,有一个 10ms 宽高电平的脉冲 en 产生。当使能信号 en 为低电平时,对 1kHz 的时钟 clk 计数,如果计数值大于 790 时,信号 C 为高电平,否则为低电平。如果 en 为高电平,则计数器清零。将 C 和 IRIG – B 码做与运算,就可以产生一个 10ms 宽的 1 脉冲/s 脉冲信号。

将以上 3 个模块作为一个整体,输入 IRIG – B 码和 1kHz 的时钟信号 clk,就可生成 10ms 宽度的 1 脉冲/s 脉冲信号。

2. 绝对时间的提取

IRIG – B 码中除了用两个连续的 8ms 脉冲来表示秒的标准起始点,还包含了时间信息。5ms 和 2ms 宽度的脉冲分别表示为二进制"1"和"0",并且脉冲出现在不同的位置会有不同的含义。因此,要判断出正确的时间信息,就需要判断出 IRIG – B 码高电平的宽度及其所在的位置,然后根据 IRIG – B 码的编码格式,用 BCD 码的形式表示出准确的时间信息。图 8.4 为时间信息提取框图。

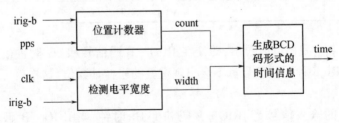

图 8.4　时间信息提取框图

1）位置计数器

首先将 1 脉冲/s 脉冲信号的低电平作为位置计数器的使能,IRIG－B 码的下降沿作为位置计数器的触发信号。如果 pps 信号为低电平,位置计数器 count 开始计数,否则位置计数器 count 清零。其代码如下:

```
Process(irig_b)
begin
if rst ='0'then
count < = x"00";
elsif falling_edge(irig_b) then
    if pps ='0' then
        count < = count +1;
else
    count < = x"00";
    end if;
    end if;
end process;
```

这样通过位置计数器 count 的计数值,就对标准起始点的 IRIG－B 码码元进行了编号。

2）生成时间信息

将 IRIG－B 码的上升沿作为触发信号,根据位置计数器 count 的计数值,将检测到的 IRIG－B 码高电平脉冲宽度值 width 转化成"1"和"0"的二进制值,并按位赋值给 td_sec、sec、td_min 和 min 等时间信息变量,便可以得到 BCD 形式的准确的时间信息。

以上阐述了利用 VHDL 语言实现 IRIG－B 码解码过程,该算法可以在 FPGA 中实现。通过 IRIG－B 码的解码信息,可以生成符合电力自动化设备(系统)要求的各种时间同步信号。并与北斗时间信息及 GPS 时间信息互为热备,可以为电力系统及自动化装置提供高精度、高稳定度的时间信息和时间同步信号。

8.3 NTP 网络同步接口

NTP(Network Time Protocol)最初是由美国 Delaware 大学的 David L. Mills 教授于 1995 年提出,通过网络上确定若干网点作为时钟源网站,以此来为用户提供统一、标准的时间传递服务,即实现与 UTC 的同步。由于 NTP 的设计充分考虑了互联网上时间同步的复杂性,在时钟源有效的情况下可以实现时间的校正跟踪,在发生网络故障的情况下也能维持时间的稳定,保证网络在一定时间内保持精准的时间同步,因此采用基于 UDP/IP 的层次式时间分布模型的 NTP 机制具有严格性、实用性、有效性、灵活性,适于不同规模、带宽和链路下的互联网环境。

目前,经过近 30 年的发展,在一般条件下,广域网上 NTP 提供的时间精确度能达到数十毫秒,局域网上则为亚毫秒级或者更高,而在一些特殊应用则能达到更高的精确度,因而 NTP 在电力系统、互联网等领域得到广泛应用。

8.3.1 NTP 协议

NTP 以客户机/服务器模式进行通信:客户机送一个请求数据包,服务器接收后回送一个应答数据包。两个数据包都带有发送和接收的时间戳,根据这 4 个时间戳来确定客户机和服务器之间的时间偏差和网络时延。如图 8.5 所示,t_1 为客户机发送查询请求包的时刻,t_2 为服务器收到查询请求包的时刻,t_3 为服务器回复时间信息包的时刻,t_4 为客户机收到时间信息包的时刻(t_1、t_2、t_3、t_4 以客户机的时间系统为参照)。由此可得信息包在网络上的传输时间为

$$\Delta = (t_2 - t_1) + (t_4 - t_3)$$

当请求信息包和回复信息包在网上的传输时间相等时,单程网络时延为

$$\delta = \frac{(t_2 - t_1) + (t_4 - t_3)}{2}$$

时间偏差为

$$\theta = \frac{(t_2 - t_1) - (t_4 - t_3)}{2}$$

可以看到,θ、δ 只与 t_2 和 t_1 的差值、t_4 和 t_3 的差值相关,而与 t_3、t_2 的差值无关,即最终的结果与服务器处理所

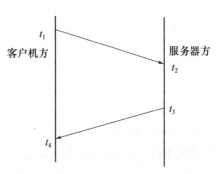

图 8.5　时间同步算法时序

需要的时间无关。据此,客户机即可通过这 4 个时间戳计算出时间偏差和网络时延去调整本地时钟。

8.3.2 NTP 的三种工作模式

主从模式(Server/Client Mode):用户向一个或多个服务器发送服务请求消息,服务器在接收到用户的请求后做出应答消息,通过解算所交换的信息,可以得到所需的网络延时和两地的时间差,客户端通过优化选择最终的时间差并以此来实现对时钟校准。

广播模式(Multicast/Broadcast Mode):通过在网络中设置一到多个服务器,客户端不需要额外发送时间校准请求信息,而是通过让服务器定时向客户端发送时间电文,客户端在接收到服务器的电文后解算并比较本地时钟,从而做出时钟校准。因此广播模式具有资源占用大、时间误差大的特点,所以广播模式适用于高速的局域网中,对于较复杂的广域网并不适用。

对称模式（Symmetric Mode）：对称模式包含主动对称模式和被动对称模式两种，主动对称模式是指两个或两个以上的服务器通过相互进行时间信息的发送来实现时间的校准，在主动对称模式下不用考虑在时间同步子网中的层次，直接发送时间保温信息即可，主动模式适用于在时间同步网中靠近终端接点的时间服务器使用。被动对称模式适用于以下两种情况：①主动模式下对等主机发出了信息；②对等机在时间同步网中的层次低于主机。被动模式适用于在时间同步网中接近根节点的时间服务器使用。无论是主动模式或者是被动模式下，均是设置两个以上的时间服务器互为主从，由此进行时间消息的通信，实现时间的相互校准，并维持整个同步子网的时间精确。

8.3.3　NTP 的网络结构

NTP 协议以 UTC 作为时间标准，使用层次性分布模型，时间按 NTP 服务器的等级传播。实现 NTP 服务的网络结构如图 8.6 所示。

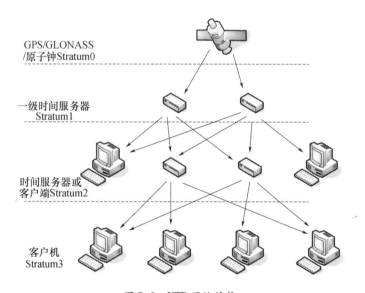

图 8.6　NTP 网络结构

图 8.6 中箭头表示提供时间同步服务的方向。可以看出，NTP 按照离外部 UTC 源的远近将所有服务器归入不同的层（Stratum）中。位于第一层的服务器为主服务器，通过精确的外部时钟，如 GPS 时间信号获取时间信息，并使本身的时间与 UTC 同步，是整个系统的基础，而第二层则从第一层获取时间，第三层从第二层获取时间，依此类推。

另外，出于对精确度和可靠性的考虑，下层设备同时引用若干个上层设备作为参考源，而且也可以引用同层设备作为参考源。网络中的设备可以扮演多重角色。如一个第二层的设备,对于第一层来说是客户机;对于第三层可能是服务器;对于同层的设备则可以是对等机(相互用 NTP 进行同步)。

NTP 还可利用多个对等的服务器来获得高准确度和可靠性。当从多个对等机获得时间同步信息后,过滤器从这些信息中选取最佳的样本,和本地的时间进行比较。通过选择和聚类算法对往返延迟、离差和偏移等参数进行分析,选取若干个较为准确的服务器。合成算法对这些服务器的信号进行综合,获取更为准确的时间参考。

8.3.4 基于 ARM 的 NTP 网络同步实现

在 NTP 时间同步实现方案中可以采用单片机或 ARM。单片机成本低,但由于计算能力与资源有限,无法应对网络上多用户同时请求对时的情形,而现行的 ARM 处理器配置资源丰富,计算能力强,应用较为普遍。因此本节阐述利用 ARM 实现 NTP 网络同步协议。

利用卫星授时接收机获得时间基准,再利用 ARM 系统实现 NTP 网络同步的系统如图 8.7 所示。选择采用三星公司的 32 位 RISC 处理器 S3C2410 作为系统开发的硬件平台。S3C2410 处理器基于 ARM9 架构,内部集中了诸如 PWM 控制、LCD 控制、异步串行接口、DMA 等丰富的功能,外部提供的 117 个 I/O 端口和 56 个中断源有利于复杂系统的设计。CMOS 标准宏单元和存储器单元的设计,使其具有集成度高、功耗低、优秀的全静态设计等突出性能。S3C2410 还包含 MMU 管理单元,方便将虚拟地址转换到实际的物理地址,并提供了硬件机制的内存访问权限检查,高达 203MHz 的主频使之更适于高速数据处理。

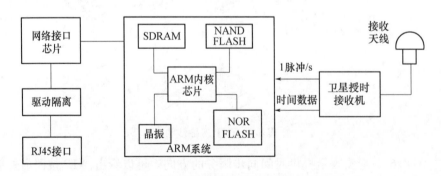

图 8.7 基于 ARM 的 NTP 网络同步实现系统组成

1. 硬件设计

系统硬件结构设计采用核心板结合底板设计的方式,核心板上集中主控制芯片、内核供电电源芯片、存储芯片、晶振等核心器件,底板上则集中了电源模块、串口通信模块、以太网接口模块和卫星信息接收模块等,核心板和底板之间通过金手指通信。

核心板的硬件框架如图8.8所示,核心板作为一个小系统,通过外部总线拓展1片 NOR Flash 和2片 SDRAM,主控制器通过 NOR Flash 启动引导程序运行,为获得更高的总线宽度采用2片16位总线宽度存储芯片组成32位宽度的总线。数据存储器(NAND Flash)功能是保存系统运行所必须的操作系统、应用数据、用户数据以及运行过程中产生的各类数据。S3C2410 内部控制器控制其读/写操作,同时也支持 NAND Flash 启动引导程序运行,NAND Flash 具有掉电数据不丢失的优点。

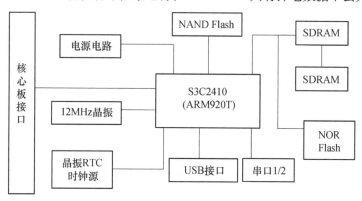

图 8.8　核心板硬件框架

2. 软件系统设计

嵌入式 Linux 系统是一种具有开放式源代码的参照 GPL 协议开发的具有剪裁性的嵌入式操作系统。Linux 内核中含有丰富的硬件驱动程序,广泛适用于不同的网络通信协议。Linux 操作系统内核小、资源丰富、易于移植,在嵌入式领域具有广泛的应用。本节阐述利用 Linux 操作系统环境实现 NTP 协议。

在 Linux 操作环境下进行软件系统开发,软件系统采用模块化结构进行设计,分为卫星时间信息获取、NTP 服务端实现、系统监控三部分。

1)卫星时间信息获取

包括秒脉冲提取和串口报文信息接收,系统利用串口发送的卫星报文信息初步校准本地时间,同时利用秒脉冲实现系统的时间精同步。

2)NTP 服务端实现

利用同步好的系统时间,通过 Linux 操作系统调用 NTP 实现程序,在网络层实现服务器和客户端两者之间的 UDP/IP 通信。

3)系统监控

系统监控包括网络监控、时间显示和故障报警,方便系统使用人员实时观察系统工作状态。

软件系统设计的关键在于 Linux 操作系统的移植,以下详细阐述。

嵌入式 Linux 操作系统的移植过程可分为四部分。

(1)Bootloader 移植。编译并烧入核心板 Bootloader 引导程序;Bootloader 作

为操作系统内核运行前的引导程序,用来引导其他程序的执行,包括关闭WATCHDOG、建立内存空间映射、改变系统时钟和初始化存储控制器等。系统上电或复位后程序的执行都是从地址 0X00000000(Bootloader 地址)处开始的。

Bootloader 启动可以分为单阶段(Signal - Stage)启动和多阶段(Multi - Stage)启动两种。一般 Bootloader 启动代码部分也可以分为两个阶段:第一阶段主要用汇编语言来实现 CPU 相关内容的初始化同时引导第二阶段;第二阶段主要用 C 语言来编程实现完成后续的其他功能的。

(2)Linux 内核移植。Linux 内核是一个庞大而复杂的操作系统内核,采用子系统和分层的方法来管理内核。Linux 内核的启动可分为两部分:第一部分是引导架构/开发板相关参数和变量,其作用是检测是否支持当前系统所用的处理器和开发板;第二部分是启动后续功能,完成内核的初始化并且创建系统的首个进程。Linux 内核启动过程如图 8.9 所示。

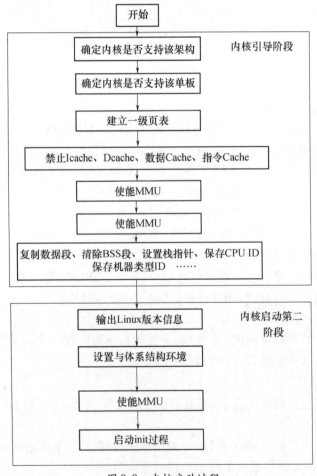

图 8.9　内核启动过程

编译 Linux 内核,可以通过 Bootloader 引导程序烧入核心板也可以直接运行。一个可以正常运行的 Linux 内核是进行后续驱动和相关应用程序开发的基础。

(3) 在核心板上编译根文件系统,在根文件系统中创建其他文件,如在.bin 和.sbin 目录下存放可执行文件,在.etc 目录下存放配置文件,在.lib 目录下存放库文件等。

(4) 在构建好最小系统后,编写需要的驱动程序和应用程序,驱动程序可以以模块的方式进行加载,也可以将其编译进内核运行。

8.4 IEEE1588 时间同步

IEEE1588 标准的草案由安捷伦实验室的 John Eidson 以及来自其他公司和组织的 12 名成员开发,该技术最初的目的是在由网络构成的测量和控制系统中实现精确的时间同步。其一经亮相,便在工业自动化领域引起了极大的关注[10]。后来得到 IEEE 的赞助,并于 2002 年 11 月得到 IEEE 批准。IEEE 1588 协议是通用的提升网络系统时钟同步能力的规范,在起草过程中主要参考以太网来编制,使分布式通信网络能够具有严格的时钟同步,其实现的基本思想是通过硬件和软件相结合的方法将网络设备(客户机)的内时钟与主控机的主时钟实现同步。

NTP 协议解决了以太网中定时同步能力的不足,但是 NTP 协议的精度却只能达到毫秒级,满足不了高时间精度要求的测量仪器和工业控制。因此,满足测量及控制应用在分布式网络定时同步的高精度需要的 IEEE1588(网络化测量及控制系统的精密时钟同步协议标准)在 2002 年颁布。IEEE1588 具有高可控性、高安全性、高可靠性,由于 IEEE1588 使用硬件和软件的配合,适用于原以太网所用的数据线传送时钟信号,不需要额外的时钟线,这使得组网连接简化并且降低成本。

8.4.1 PTP 协议

IEEE1588 定义了一个 PTP(Precise Time Protocol)协议,PTP 协议实现了对各个以太网现场设备进行微秒级的高精度的时间控制,特别适用于工业以太网。IEEE1588 使用时间戳来同步本地时间的原理也可以使用在生产过程的控制中,在网络通信时同步控制信号可能会有一定的波动,但是 IEEE1599 所达到的精度使得这项技术尤其适用于基于以太网的需要实现最高精确度分布时钟控制网络系统,它为工业自动化应用提供了真正有用的解决方案。

PTP 协议应用在包括一个或多个时钟节点、通过一系列通信媒体进行通信的控制网络系统中,每个节点包含一个实时时钟的模型。IEEE1588 标准将整个网络内的时钟分为两种:普通时钟(Ordinary Clock,OC)和边界时钟(Boundary Clock,BC)。OC只有一个PTP通信端口,而BC有多个PTP通信端口,并且每个PTP端口提供独立的PTP通信,通常应用于如交换机、路由器等确定性较差的网络设备中。

在PTP系统中,按照通信网络关系可以把时钟分为主时钟、从时钟和最高级主时钟,在一个PTP通信子网内只能有一个主时钟,主时钟为整个系统提供时钟标准,从时钟保持与主时钟的同步。

PTP系统由一个或多个PTP子域组成,每一个子域都有一个子域名,包含若干个OC和BC,如果需要连接多个PTP子域,就需要BC来实现。

一个子域里的主时钟,除了发送同步消息,同时也可以发送外部的标准时间信号,用以实现主时钟所在的子域的时钟同步。

8.4.2 PTP子域系统模型

一个典型的PTP系统的子域一般包含多个节点,其中每个节点都代表一个时钟,时钟间通过网络链路实现互联,如图8.10所示,图中每一个矩形代表一个包含OC的节点,椭圆形则代表包含BC的节点。BC的端口可以作为从属端口与子域相连,为整个系统提供时钟标准,同时BC的其他端口作为主端口,通过BC的这些端口将时间同步报文信息发送到子域。相对于子域而言,BC的端口可以看做OC。

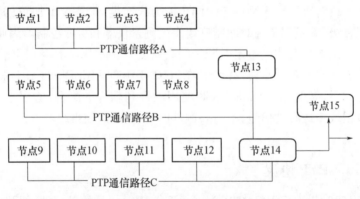

图8.10 PTP子域模型

一个简单PTP子域系统通常由一个主时钟和多个从时钟组成,如果同时存在多个潜在的主时钟,那么运行的主时钟将根据最优化的主时钟算法决定。所有的时钟不断与主时钟比较时钟属性,如果新时钟加入系统或现存的主时钟与网络断开,其他时钟则会通过算法重新决定主时钟。

在一个子域内,BC的每一个端口具有同等的优先级,这时通常和OC一样进行主时钟算法,选取一个与优先级更高的主时钟具有直接联系的端口作为从

160

端口(S 端口),在 BC 中从端口是唯一的,BC 通过这个从端口与其他的子域进行通信,接收同步报文消息,而 BC 的其他所有端口则在内部同步于这个从端口。BC 定义了主—从时钟的一个双亲—孩子层次,系统中最好的时钟是最高级主时钟(Grand Master Clock,GMC),GMC 有着最好的稳定性、精确性和确定性。根据各节点上时钟的精度和几倍以及 UTC 的可追溯性等特性,由最佳主时钟算法(Best Master Clock)来自动选择各子网内的主时钟,在只有一个子网的系统中,主时钟就是 GMC。每个系统只有一个 GMC,而且每个子网内只有一个主时钟,从时钟与主时钟保持同步,因此,子系统的主时钟是整个系统的 GMC,BC 的其他端口会作为主端口,通过 BC 的这些端口将同步信息发送到子域。

PTP 协议的操作产生一个 PTP 通信路径的拓扑结构,这个拓扑结构是个不封闭的环形结构,即在任何两个 PTP 时钟之间有唯一的一条通信链路,由于时钟具有优先级的区别,所以路径拓扑禁止形成环形。

PTP 协议会在 PTP 通信路径探测环形结构,通过改变包含 BC 的端口状态,PTP 协议会改变一个环形图为没有环的图。在这种情况中,协议不可能在环形结构中传递通信,这些状态的改变导致在非环形拓扑结构上进行真正的通信,尽管物理连接可能是环形的拓扑结构。

8.4.3 PTP 子域的时钟端口模型

在 PTP 机制中一般有五种类型的端口时钟。

(1)最高级主端口:最高级主端口可能是 OC 端口或 BC 的一个 PTP 外部接入点的端口。在整个 PTP 子域中,如果时钟只有单一的主端口而没有其他的端口,那么这个端口就是最高级主端口。

(2)主端口:主端口可能是 OC 端口或 BC 的一个 PTP 外部接入点且充当双亲端口的端口,主端口和从端口一起共享 PTP 的通信线路。

(3)从端口:从端口是同步于主端口的 OC 端口或 BC 的一个 PTP 端口外部接入点,同步从时钟的主端口称为从时钟的双亲端口。

(4)未校正端口:未校正端口是在 OC 端口或一个 BC 的 PTP 端口外部接入点的端口中还没有被确定主时钟的端口。

(5)被动端口:被动端口是单独定义的一种用于 PTP 协议避免循环拓扑的端口。

每一个子域形成时钟端口的稳定的"双亲—孩子"层次,这种层次的根是最高级主时钟,每个分节点(必须是 BC)的时钟端口对所有分节点必须是双亲和主端口,任何分节点层次终端必定是一个从端口。一个稳定的子域的必定是这样的子域,它的所有的端口都被 PTP 协议指出,或者是主动的、被动的,或者是从属的,又或者是一个被指定的最高级主时钟。

在图 8.11 中,每个时钟端口的状态都被表示为:M(MSTER 主时钟状态)、S

（SLAVE 从时钟状态）。图中的 $node-k(k=1,2,\cdots,11)$ 是指 PTP 子域的 11 个节点，其中节点 5 在整个 PTP 子域中是单一的端口，它的状态是 M，也就是说，节点此时是处于最高级主时钟状态。节点 5 的 M 端口对和它相联的三个端口来说，是双亲和主端口，和节点 5 的 M 端口相联三个端口必定都是从端口。而节点层次终端必定是一个从端口。因此这个子域中的其他所有时钟将形成一个以节点 5 作为根的非循环的双亲—孩子层次关系。

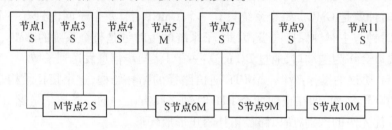

图 8.11　子域时钟端口模型

8.4.4　PTP 反应时间

每个 PTP 端口有两个标志性常量 outbound_latency 和 inbound_latency，在一个时钟中，同步报文和延迟请求报文应该分别在发送和接受两个时刻打下时间戳。

这些时间戳用在执行 PTP 协议的编码和通信介质之间的路径上的时钟时间戳来表示，如图 8.12 所示。

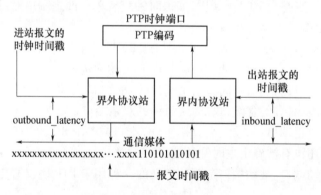

图 8.12　PTP 反应时间常量的定义

常数 outbound_latency 是同步报文和延迟请求报文在时钟时间戳和通信介质之间向外传播的时间，常数 inbound_latency 是同步报文和延迟请求报文在时钟时间戳和通信介质之间向内传播的时间。这两个常量的值是不相同的，它们的不一致将引起时钟的不一致。对输入和输出的同步报文和延迟请求报文，时间戳产生于在报文时间戳通过相应的时钟时间戳的瞬间。报文时间戳是同步报文和延迟请求报文的显著特征,它们可以在通过时钟时间戳时被识别出来。图8.12 显示了一个典型同步报文和延迟请求报文进入协议栈(虚线箭头),报文时间戳(图中开始的"11",这以后跟着一系列的"10")从离开通信媒介到进入栈底端经过时钟时间戳经历时间是 inbound_latency。所有时间戳在报文时间戳通过时钟时间戳时反映时间。如果执行在不是报文时间戳的点检测到了同步报文和延迟请求报文,那么产生的时间戳在检测的时间和报文时间戳通过时钟时间戳的时间之间适当地得到纠正。

8.4.5 PTP 同步过程

通常情况下 PTP 同步分两个阶段:建立主—从分级、进行时钟同步。

在一个 PTP 域内,OC 和 BC 的每一个端口都维护一套独立的 PTP 状态机。每个端口都利用最佳主时钟算法分析接收到的信息和自身的时钟数据集来决定各个端口的状态。决定主—从等级的端口状态有 3 个。

(1)主(Master):这个端口是它所服务的路径上的时钟源。

(2)从(Slave):这个端口同步于路径上处于主状态的端口。

(3)被动(Passive):这个端口既不处于主状态也不处于从状态。

主—从分级,实质上就是在子网中寻找最佳主时钟。在不同拓扑结构的子网中寻找最佳主时钟的方法不同。

1. 在单一子网中选择最佳主时钟

单一子网中的所有时钟都运行一套相同的最佳主时钟算法。一个时钟节点刚开始启动时,首先侦听一段时间,如果在这个时间内没有接收到来自其他时钟的消息,则该时钟则认为自己是最佳主时钟。一个处于主状态的时钟会周期性地发送消息,同时也接收到来自其他潜在主时钟的消息,这种潜在的主时钟被叫做外来主时钟。每个主时钟根据最佳主时钟算法和接收的消息内容来决定是继续维持主状态还是要从属于外来主时钟。每个非主时钟也利用最佳主时钟算法来决定是否要变成主时钟。单一子网的结构如图 8.13 所示。

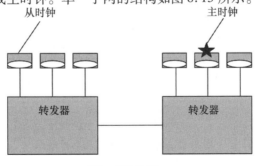

图 8.13 单一子网结构

2. 在多重子网中选择最佳主时钟

在多重子网中,BC 将网络分割成多个最小子网,并且不会在子网之间传递任何与时钟相关的消息。在一个最小子网中 BC 的一个端口在同步和 BMC 算法方面与一个 OC 相似。在 BC 的内部选择能够看到最佳时钟的端口作为唯一的从端口,BC 的其他端口的与这个从端口共用一个时钟数据集。多重子网的结构如图 8.14 所示。

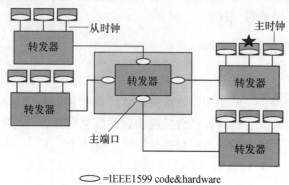

图 8.14 多重子网结构图

8.4.6 时间戳生成与提取

在 PTP 协议条件下,要实现时间的同步首先需要产生并获取时间戳,然后通过时间戳信息来实现本地时钟的校准。IEEE1599 协议给出了时间戳生成和接收的参考模型,如图 8.15 所示。

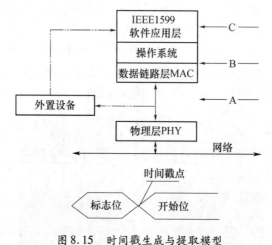

图 8.15 时间戳生成与提取模型

每个 PTP 事件消息都有一个如图 8.15 所示的消息时间戳点,在 PTP 事件消息穿过网络上某个时钟节点的协议栈的过程中,当消息时间戳点经过协议栈中的一个规定位置时即产生时间戳。这个规定位置可能在应用层,如图中的 C 所示;也可能在中断服务程序,如图中的 B 所示;也可能在物理层,如图中的 A 所示。总之,这个位置与实际的网络连接点之间的距离越小,则由于底层传输抖动引入的时间的误差就越小,所以在实现时,本方案把时间戳的处理部署在图 8.15 中的 A 点,也即 PHY 与 MAC 之间,由 FPGA 完成。

IEEE1588 协议中没有规定本地时钟的校准方案,我们通常采用鉴频和鉴相技术来实现本地晶振跟踪主时钟的频率,如图 8.16 所示。

图 8.16 本地时钟频率校准原理图

此外,FPGA 可以根据时间偏差值来调整时间脉冲计数器的初始值,从而调整本地时钟的初始相位,使其达到与主时钟相位的同步。为保证能够及时产生和处理时间戳,一般采用 FPGA 来实现与时间戳相关的功能。

8.5 其他常用同步接口

其他常用同步接口还包括时间报文同步、光纤同步、空接点同步等。以下分别阐述。

时间同步装置中,电力系统中对主时钟输出要求可输出脉冲信号、IRIG – B 码、串行口时间报文和网络时间报文等。脉冲信号一般可分为 1 脉冲/s、1 脉冲/min、1 脉冲/h 和可编程脉冲信号等,其输出方式有 TTL 电平、空接点、RS – 422、RS – 495 和光纤等。

8.5.1 时间报文同步

时间报文是指由授时设备在接收到基准时间源后对时间信息进行提取校正并按照一定格式输出的时间信息。时间报文一般与秒脉冲结合在一起,其授时原理如图 8.17 所示,一般报文信息在秒脉冲脉冲后某一个时间间隔内输出,报文信息中包含了秒脉冲对应的时刻,秒脉冲的上升时间(10% 高电平 ~ 90% 高电平)一般小于 5 ns,利用秒脉冲精确的上升沿可提供数 ns 级的授时精度。秒脉冲、时间报文可以是 TTL、RS422/RS495 电平,也有秒脉冲为 RS422 而串口报文为 RS232 的情形。此外秒脉冲与时间报文均可用光纤进行传递。

一般卫星授时接收机采用时间报文同步方式,表 8.3 列出了常见接收机的接口协议。

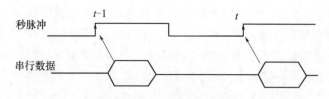

图 8.17　时间报文授时原理

表 8.3　常见接收机的接口协议

接收机型号	接收机类型	接收机厂家	接口协议
M12T	GPS 接收机	Motorola	Motorola Oncore 协议
Resolution－T	GPS 接收机	Trimble	TSIP 协议
ublox	GPS 接收机	ublox	NEMA UBX

目前,NEMA 协议应用最为广泛,NEMA 协议中与时间有关的命令主要有GGA、GLL、RMC 等命令。

8.5.2　空接点同步

空接点是指无源接点,一般用于脉冲信号的输出,它具有 3 种变化状态:接点闭合、接点打开和接点由打开跳变到闭合。空接点闭合状态相当于 TTL 电平的高电平,打开状态对应为 TTL 电平的低电平,而由打开到闭合的跳变状态对应准时沿。空接点同步是指空接点与被授时设备的 TTL 电平具有精确的对应关系。

在电力系统中对空接点要求如表 8.4 所列。

表 8.4　电力系统中空接点参数要求

准时沿	上升沿上升时间优于 1μs
上升沿时间准确度	优于 3 μs
隔离方式	光电隔离
输出方式	集电极开路
允许 U_{ce} 工作电压	220V DC
允许 I_{ce} 工作电流	20mA

8.5.3　光纤同步

光纤通信就是利用光波作为载波来传送信息,而以光纤作为传输介质实现信息传输,达到通信目的的一种最新通信技术。光纤通信与以往的电气通信相比,主要区别在于有很多优点:传输频带宽、通信容量大;传输损耗低、中继距离长;线径细、质量小,原料为石英,节省金属材料,有利于资源合理使用;绝缘、抗电磁干扰性能强;还具有抗腐蚀能力强、抗辐射能力强、可绕性好、无电火花、泄露小、保密性强等,可在特殊环境或军事上使用。

166

目前光纤不仅作为一种主要的通信手段,而且在时间同步领域也获得了广泛应用,主要用于各种时间信号的远距离传输以及要求高准确度对时的场合。

光纤信息传递的基本原理是:在发送端首先要把传送的信息变成电信号,然后调制到激光器发出的激光束上,使光的强度随电信号的幅度变化而变化,并通过光纤发送出去;在接收端,检测器收到光信号后把它变换成电信号,经解调后恢复原信息。

光纤传输系统主要由光发送机、光接收机、光缆传输线路、光中继器和各种无源光器件构成。要实现通信,基带信号还必须经过电端机对信号进行处理后送到光纤传输系统完成通信过程。

一种利用光纤传递 IRIG – B 码的接收和发送电路如图 8.18 所示,选用 Avago公司生产的 HFBR – 1414T 型光纤发送器,62.5/125μm 多模光纤,ST 型接口,可传输 2km。符合 TIA/EIA – 795 的 100BASE – SX 的标准,IEEE 902.3 以太网和902.5令牌环标准。选用 TI 公司的 SN75452B 芯片作为光纤的驱动芯片。选用 Avago 公司生产的 HFBR – 2412T 型光纤接收器,接收外部输入的光纤信号。

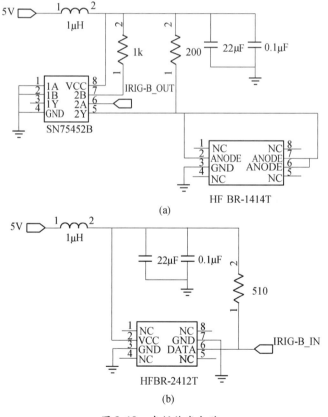

图 8.18　光纤收发电路

（a）光纤发送电路;（b）光纤接收电路。

电力系统使用光纤进行时间信息传递时有如下要求。

（1）光纤信息与 TTL 电平之间的对应关系为：亮对应高电平，灭对应低电平，由灭转亮的跳变对应准时沿。

（2）在电力系统中对光纤秒准时沿要求上升沿的上升时间优于 100 ns、上升沿的时间准确度优于 1μs。

参 考 文 献

[1] 中华人民共和国电力行业标准[S]. 北京,2009.

[2] 陈敏. 基于 NTP 协议的网络时间同步系统的研究与实现[D]. 武汉:华中科技大学,2005.

[3] 孙娜,熊伟,丁宇征. 时钟同步的研究与应用[J]. 计算机工程与应用,2003,27.

[4] MILLS D L. Internet time synchronization:the network time protocol[M]. IEEE Trans Communications,October 1991.

[5] Samsung Co. S3C2410X 32 – Bit RISC Microprocessor User's Manual[R]. 2003:1 – 29.

[6] 韦东山. 嵌入式 Linux 应用开发完全手册[M]. 北京:人民邮电出版社,2009.

[7] 腾英岩. 嵌入式系统开发基础——基于 ARM 微处理器和 Linux 操作系统[M]. 北京:电子工业出版社,2009.

[8] 杨锦涛. 基于电力系统环境下的网络时间同步系统的研究与实现[D]. 长沙:湖南大学,2011.

[9] Jang Wu,Robert Peloquin. Synchronizing Device Clocks Using IEEE 1588 and Blackfin Embedder Processors[J]. Analog Dialogue,2009.

[10] Dirk S,Mohl. IEEE1599 – Precise Time Synchronization as the Basis for Real Time Applicationsin Automation[J]. Industrial Networking Solutions,2003.

[11] 赖于树. ARM 微处理器与应用开发[M]. 北京:电子工业出版社,2007.

[12] Adam Dunkels. Swedish Institute of Computer Science,The lwIP TCP/IP Stack. savannah. nongnu. org/projects/lwip/,2003.

[13] 焦海波. 嵌入式网络系统设计:基于 Atmel ARM7 系列[M]. 北京:北京航空航天大学出版社,2009.

[14] 关松青. 工业以太网中 IEEE 1599 时钟同步技术研究[D]. 长沙:湖南大学,2010.

第9章 卫星授时应用

9.1 卫星授时在电力行业应用

9.1.1 电力系统是与时间密切相关的系统

电力系统是与时间密切相关的系统,各个参数如电压、电流、相角和功角的变化,均是与时间相关。伴随着电网系统的大区域互联,特高压输电技术得到了迅猛的发展,电力系统的安全稳定运行对电力自动化设备提出了新的要求,特别是对时间同步,要求继电保护装置、自动化装置、安全稳定控制系统、能量管理系统(EMS)和生产信息管理系统等基于统一的时间基准运行,以满足事件顺序记录(SOE)、故障录波、实时数据采集时间一致性要求,确保线路故障测距、相量和功角动态监测、机组和电网参数校验的准确性,以及电网事故分析和稳定控制水平,提高运行效率及其可靠性。未来数字电力技术的推广应用,对时间同步的要求会更高。

电力系统覆盖范围广,自动化装置很普及,同步相位测量、行波测距和行波保护对时钟精度要求达到微秒级,并且各种系统和自动化装置(如调度自动化系统、微机继电保护装置、故障录波器、事件顺序记录装置、远动装置、计算机数据交换网、雷电定位系统等)都要求严格的时钟同步。

以下几个应用实例就可以说明这一点。

1. 发电机功角和母线电压相角的实时监测

测量电力系统各节点之间的电压相位关系,可以更好地了解电力系统的静态行为和动态行为,帮助调度人员进行合理的发电量及负荷调度,采取有针对性的稳定措施。如果系统的时钟统一,就能实现各电站输入信号的采样脉冲同步,易于测出电站间电压的相位关系。传统方法的对时误差较大,一般在毫秒量级,而 1ms 的时间误差对 50Hz 的系统来说就是 18°的相角差,这样大的相角误差是无法接受的。

2. 故障测距

当采用行波原理进行故障测距时。1μs 的时间误差就会引起 150 m 的测距误差。利用电力系统的时间同步技术,采用双端行波测距,用行波传输到两端测得的时间差可直接算出故障点到测量点之间的距离。这样的故障测距装置原理简单易懂,测距精度高而稳定,无疑是对传统的故障测距技术的革命。

3. 为电力系统自动化装置提供时间标记

电力系统内安装了各种微机自动化装置,如故障录波器、事件记录仪、微机继电保护及安全自动装置、远动及微机监控系统。当这些装置的时间用北斗/GPS双模时间同步系统精确统一后,有助于分析电力系统故障与操作时各种装置动作情况及系统行为,搞清事故的起因与发展过程。这也是保证电力系统安全运行,提高系统运行水平的一项重要措施。

4. 其他应用

高精度的同步时钟可用于继电保护装置的异地实验,可以更加准确地检验保护装置的动作行为;如果将其用于电流差动保护,还可以解决线路两端信号的同步采样问题。

除了上述目前在电网中比较常见的应用,在时间同步的基础上还可以建立多种应用,如构造广域保护、端对端保护测试、准确的系统实时潮流分析等。因此,在电力系统控制和保护系统的设计中,必须考虑时间同步的问题。

9.1.2 电力系统对时间同步的需求

电力自动化设备(系统)对时间同步精度有不同的等级要求。电力系统被授时装置对时间同步准确度的要求大致分为以下3类。

(1) 时间同步准确度不大于 $1\mu s$:包括线路行波故障测距装置、同步相量测量装置、雷电定位系统、电子式互感器的合并单元等。

(2) 时间同步准确度不大于 1 ms:包括故障录波器、SOE 装置、电气测控单元/远程终端装置(RTU)/保护测控一体化装置等。

(3) 时间同步准确度不大于10ms:包括微机保护装置安全自动装置、馈线终端装置(FTU)、变压器终端装置(TTU)、配电网自动化系统等。

9.1.3 电厂及变电站的时间同步系统

电厂或变电站的时间同步系统如图9.1所示,一般具有卫星授时接收机或外部 IRIG – B 码输入接口,以导航卫星或外部基准作为时间基准。时间同步系统一般具有自己的本地频率单元,这样如果卫星不可用或外部基准丢失,利用频率单元自身的频率稳定度仍可在一段时间维持同步精度;维持时间与频率基准的稳定度性能有关。一般根据实际需求选择原子钟、恒温晶振或温补晶振。

本地频率单元的频率是可以调节的,利用卫星授时接收机提供的秒脉冲或外部时钟输入来对本地频率单元进行校准,校准方法在本书第 8 章已有详细阐述。时间同步系统还具有利用本地频率单元自动计时功能,这样即使外部时间基准故障,本地仍可维持时间计数。

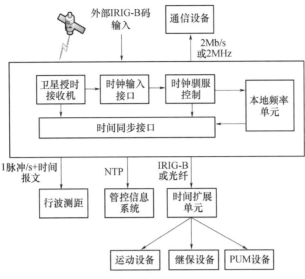

图 9.1 电力系统时间同步系统组成

时间同步接口依据本地的时间计数和校准后的频率输出实现各种时间接口。产生的时间报文用于行波测距,NTP 接口用于管控系统同步。时间同步系统一般具有多个时间扩展单元,为现场各种设备提供足够的时间同步接口。时间扩展单元一般采用 IRIG−B 接口获得时间同步,近距离的时间扩展单元一般采用 RS422 电平,远距离的时间扩展单元则可采用光纤同步。

以下以某型电网时钟同步系统为例阐述其工作原理。该电网时钟同步系统由标准时间同步主钟和时标信号扩展装置组成,可集中组屏或单独组屏,集中组屏如图 9.2 所示。如扩展屏与主时钟屏距离较远时,采用光纤对时;距离较近时,则采用 485 信号对时。

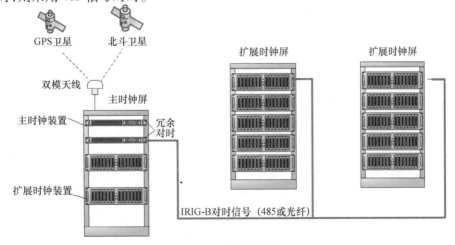

图 9.2 时钟扩展原理

171

9.2 卫星授时在 CDMA 移动通信网的应用

9.2.1 CDMA 移动通信网对时间同步的需求

由原中国联通建设、现中国电信运营的 CDMA 网近年来发展迅速,该网络包含了超过 10 万个基站收发信机(BTS),这些 BTS 需统一到一个时间基准以确保运行正常,否则会导致通话切换失败,甚至无法建立通话。其对时间同步的要求为:同一信道码序列时间误差小于 50 ns;同一基站内不同信道发射时间小于 1μs;不同基站导频发射时间小于 10 μs。为了保证切换成功,基站之间的时间误差要求在 1μs 以内,否则就会导致切换成功率下降。

目前 CDMA 网络采用卫星授时的方法实现整网时间同步,如图 9.3 所示。每个 BTS 内均具有卫星定时接收机,由该接收机产生的 1 脉冲/s 实现单个 BTS 与整网时间的同步。

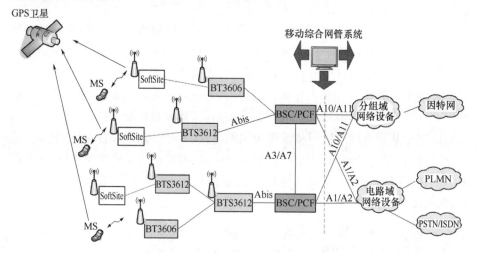

图 9.3　CDMA 网络的时间同步系统

9.2.2 北斗/GPS 双模同步原理

由于 GPS 系统被美国军方掌控,与我国无任何协议担保可用。如果 GPS 失效,CDMA 网络各 BTS 之间同步误差就会逐渐增大,最终导致全网瘫痪,完全不可使用。我国的北斗导航系统授时精度完全满足 CDMA 网络对时间同步的需求,完全可以利用北斗导航系统来实现全网时间同步。根据联通现网基站的要求,研制了北斗 GPS 双模同步系统。系统采用自研的北斗授时接收模块和商用授时型 GPS 接收机,GPS 接收机将获得的位置信息通过位置信息互享提供给北斗接收模块,从而实现固定位置的单向授时。北斗 GPS 双模同步系统提供高可靠性、高冗余度的时间基准信号。设备具有智能状态切换功能,能够智能判别 GPS 和北斗接收系统的稳定性,并提供多种时间基准配置方法。当 GPS 授时不稳定或不可用时,能够自动切换到北斗系统上。

双模同步系统通过监测北斗、GPS 接收模块的状态和面板的控制,输出时间同步信号,内部框图如图 9.4 所示。其时间同步信号主要包括 1 脉冲/s 信号和串口数据信息。

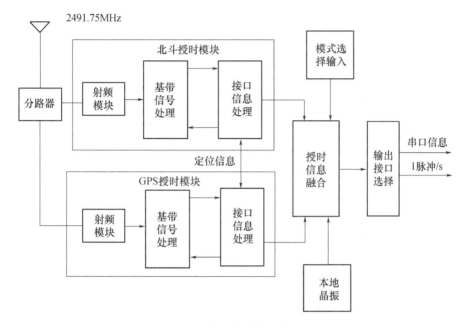

图 9.4 双模同步设备内部原理图

对于北斗 GPS 双模授时的授时模式由用户选择。具体选择何种模式,取决于以下条件。首先具有首选模式,用户根据实际需求,选择某种模式,则如该模式下接收机工作正常,则工作该模式。否则工作在另一模式。如两种模式均不正常,则工作于守时模式,模式切换原理图如图 9.5 所示。

接收机不正常通常指以下情况:卫星信号微弱,无法捕获;卫星信号收到干扰,产生误码;对于 GPS 卫星而言,在定位模式下收星数小于 4,在位置保持模式下收星数小于 2;对于北斗卫星而言,收星数小于 1;接收机自身工作不正常。

此外卫星系统也有可能出现不正常。如卫星偏离轨道,导致较大的授时误差。而此时接收机接收正常,而卫星信号也正常,但授时误差超过允许值,如利用此时的时间,就会给系统带来故障。本地振荡器具有很好的短稳性能,如利用本地振荡器,可以对卫星接收机输出的时间进行完好性判别。

如本地振荡器的标称频率为 f_0,频率可调范围为 $\pm a$,频率年老化率为 $\pm b$。则频率变化范围 $(1-a-b\cdot n)f_0 < f < (1+a+b\cdot n)f_0$。采用计数器对本地振荡

173

器输出的脉冲进行计数,则可大致判别下一秒所在区域,1脉冲/s有效性判别如图9.6所示。。

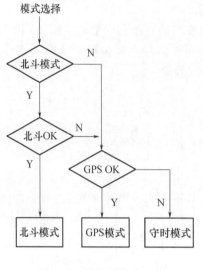

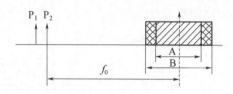

P_1: GPS接收机恢复出的真实的1脉冲/s

P_2: 滤波后得到的1脉冲/s

A: 考虑频率调整范围的置信度

B: 考虑频率调整范围和年老化率的置信度

图9.5　模式切换原理图　　　　　　图9.6　1脉冲/s有效性判别

9.2.3　方案设计与工程实施

1. 双模天线

北斗GPS双模同步系统需要接收北斗GPS双频率信号。如采用单个北斗天线和GPS天线,则需要两个安装位置,并需要两根馈线,给安装带来不便。由于北斗天线坐标的位置是由GPS确定的,因此北斗天线和GPS天线的位置误差也会带来授时误差。

采用双模天线的方法,在一个天线罩内装入两个天线头,将信号合路后通过一根馈线输出。采用该种方法只需安装一个天线头和一根馈线即可,双模天线内部原理如图9.7所示。

2. 与BTS的接口设计

目前CDMA现网基站设备一般都具有外部时钟接口,外部时钟接口包括1脉冲/s脉冲信号和串口时间信息。其时间精度由1脉冲/s的上升沿决定,串口时间信息则指明该秒脉冲上升沿对应的整秒,此外还包括授时设备的状态信息。

以阿尔卡特—朗讯公司现网运行的CDMA基站设备为例说明。阿尔卡特—朗讯公司现网基站设备主要包括compact4.0和9224,基站由GPS系统来保持严格的时钟同步。BTS的时钟由CTU卡提供,CTU卡接收GPS的信号,产生系统需要的时频基准。

CTU卡在设计时是支持外部时钟输入,通过基站数据库(RCV Form)设置可切换到外部时钟输入模式。通过HIOU卡的输入接口实现外部时钟信息输入。

174

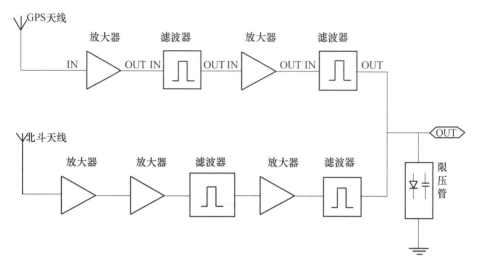

图 9.7　双模天线内部原理

　　由于 CDMA 现网基站来自多个厂家,如华为、中兴、阿尔卡特—朗讯等,其接口协议均不相同。采用了自动判别基站类型实现协议切换的方法,使接口程序能适应不同设备的需求。通常基站设备会定时对外部时钟接口进行询问,通过对询问信息进行判别,从而确定设备类型,按设备类型对应的协议进行应答,从而实现时间信息传输。

　　3. 设备在基站的安装

　　北斗 GPS 双模同步系统采用全向双模天线,安装时天线没有方向要求,安装时要求天线的南方尽可能没有遮挡,尽可能安装在开阔的位置。根据基站实际情况的不同,选择安装在铁塔上、屋顶上、外墙壁等多种方式(图9.8(a))。

(a)　　　　　　　　　　　　　　　　　(b)

图 9.8　设备安装

(a) 天线的安装;(b) 机箱的安装。

系统采用 48V DC 电源输入,直接从基站电源柜中获得。利用基站电源柜里的冗余保险座,将电源接出连接到设备。主机箱为 19 英寸(1 英寸 =2.54 厘米)、1U 的标准机箱,通常安装在基站标准机架上,有时考虑走线方便,也安装在线架上(图 9.8(b))。

采用数据通信进行同步的系统采用数据线与基站设备相连。对于不同的厂家数据接口也不同。如中兴基站的数据接口为 DB9 接口,而阿尔卡特—朗讯基站为 RJ45 接口(图 9.9)。

外部时钟输入

图 9.9 与阿尔卡特—朗讯 BTS 的连接

9.2.4 现网测试

现网应用主要在东南沿海一带进行(图 9.10),在中国联通公司的大力支持下,在海南现网试验后,又选择了广西省梧州和南宁地区、广东省广州地区、福建省厦门和漳州地区、浙江省杭州地区等 7 个地区进行了现网应用测试。其中海南省海口地区的测试最先完成,以该地区的测试为例说明测试过程。测试项目如下:

(1) 同一 BTS 下不同扇区间的切换测试;

(2) 同一 BSC 下不同 BTS 间的切换测试;

(3) CDMA 网络性能指标监测。

本次试验选择了海口三叶药厂、海口美国工业、海口新村基站、海口金山小区、海口长流基站、海口荣山基站、澄迈老城铁塔等 7 个基站(图 9.12)。将双模同步设备上电,待设备工作稳定正常后,采用专用电缆将双模同步设备与 GP-STM 板前面板的串口建立连接。系统自动进入时钟同步,由北斗/GPS 双模同步设备进行同步。

176

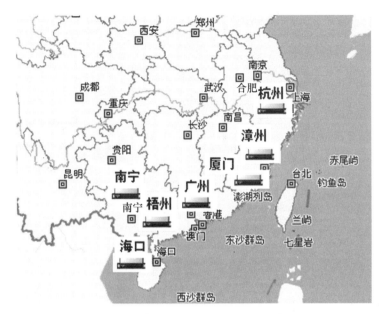

图 9.10   在中国 CDMA 网络的应用情况

将测试基站的双模同步设备的授时模式分别设置为北斗模式或 GPS 模式,采用路测软件 CNT1 进行通话测试,沿着预定路线,分别对同一 BTS 各个扇区间、不同 BTS 间、不同 BSC 间、不同 MSC 间的切换情况逐一进行验证,切换测试原理如图 9.11 所示。

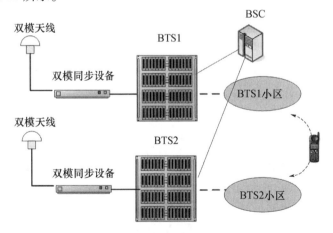

图 9.11   切换测试原理

测试方法:进行长呼通话测试。建立一个呼叫,并一直保持在通话状态,进行切换测试。

测试终端:采用了三星 X199、X609、ZTE G800 三款手机分别进行测试。

测试次数:往返各测 20 次。

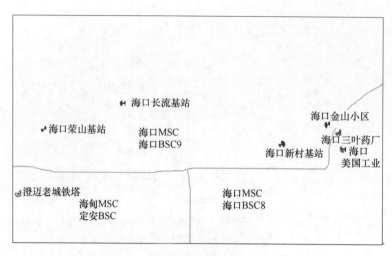

图 9.12　基站分布

北斗模式下的测试结果如表9.1所列。

表 9.1　北斗模式下的切换测试结果

测试基站	手机型号	切换次数	切换成功次数	切换成功率%
海口三叶制药厂	三星 X199	20	20	100
海口美国工业	三星 X199	20	20	100
海口新村基站	三星 X199	20	20	100
海口金山小区	三星 X199	20	20	100
海口长流基站	三星 X199	20	20	100
海口荣山基站	三星 X199	20	20	100
澄迈老城铁塔	三星 X199	20	20	100

对安装了北斗/GPS双模同步设备使用前一周(2006年2月27日—3月5日)和使用后一周(2006年3月6日—3月12日)晚忙时20:00~21:00的BTS性能指标对比情况进行监测,测试结果如图9.13所示。

从指标的对比情况来看,安装了双模同步设备的BTS以及所在的BSC,其各项指标没有出现恶化,指标的变化属于正常的波动范围。

因此,从测试结果来看,同一个BTS下不同扇区、同一BSC下不同BTS、同一MSC下不同BSC之间通话正常,切换成功;采用北斗/GPS双模时间同步仍可以保持CDMA网络各种性能指标。北斗系统对GPS的备份作用明显。

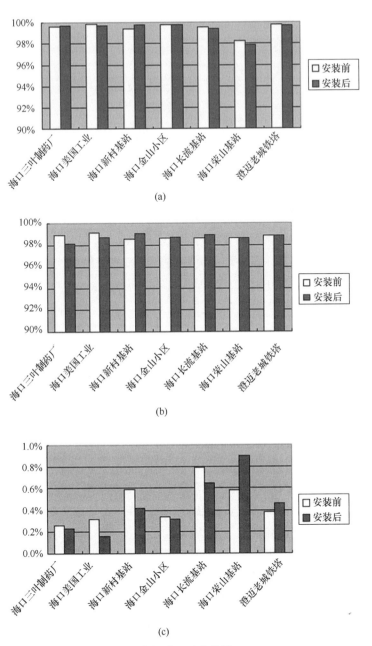

图 9.13　测试结果

（a）切换成功率；（b）呼叫建立成功率；（c）掉话率。

9.2.5　结论

利用北斗卫星导航定位系统实现网络同步。研制了多通道北斗授时接收模块，并根据 CDMA 基站设备的特点研制了双模同步设备，在 CDMA 现网实现了

双模同步。通过不同地理位置、多厂家设备的试验,证实了北斗/GPS双模授时在大范围的网络同步是完全可行的,

9.3 卫星授时在铁路系统中的应用

铁路时间同步网为铁路运输各业务时钟系统提供统一标准时间信号,使各系统时钟设备与本系统同步,保证铁路各系统运行计时准确。同时为铁路调度员、车站值班员、与行车相关的各部门工作人员和车站乘客提供统一基准时间信息。

当采用北斗同步时,铁路时间同步网的时间源来自北斗系统。其各个网络节点均需安装北斗时钟。目前铁路时间同步网由地面时间同步网和移动列车内时间同步网两部分组成。其中地面时间同步网按三级结构组成,一级时间同步节点设置在铁道部调度中心,二级时间同步节点设置在各铁路局调度所/客专调度所,三级时间同步节点设置在站、段、所。移动列车时间同步节点设置在列车内。

铁路时间同步网主要由北斗卫星接收设备、母钟设备、时间显示设备、设备网管和传输通道组成。铁路时间同步网系统构成如图 9.14 所示。时间同步网具备时间输入、时间输出、时间调控、设备校时和监控管理等基本功能,可以通过NTP、IRIG - B、1 脉冲/s 等方式获取时间,也可以配备北斗接收机或其他卫星定位系统接收机获取时间,通过人工或自动进行多时间源输入处理,正确判断和选择可用时间源,能进行时延补偿。

时间同步网设备根据所处网络节点的不同配备频率基准源,一级母钟需配备原子钟,二级、三级母钟需配备恒温晶体振荡器。本地频率基准源能跟踪时间输入信号,并具有保持的功能。各级时间同步设备实时读取卫星接收机信息,当卫星接收机故障情况下可对主、备用时间源输入进行自动切换。时间同步网设备还配置时间分配单元,能提供 1 脉冲/s、NTP, IRIG - B(AC)、DCLS、串行口ASCII 码等类型时间信号输接口。时间同步网系统具有自检和网络集中监控管理功能。

移动列车时间同步节点可接收北斗标准时间源,获得精确的北京时间,具有独立工作能力。当外部标准时间源出现故障时,可通过内置恒温晶振的保持功能,继续提供时间信号输出,并发出告警。它还负责向安装于列车内的业务系统设备及时间显示设备提供 NTP 时间信号或时间码信号。时间显示设备接收母钟发出的时间驱动信号,进行时间信息显示,脱离母钟仍能保持一定时间的独立运行。时间显示设备可采用指针显示方式和数字显示方式。

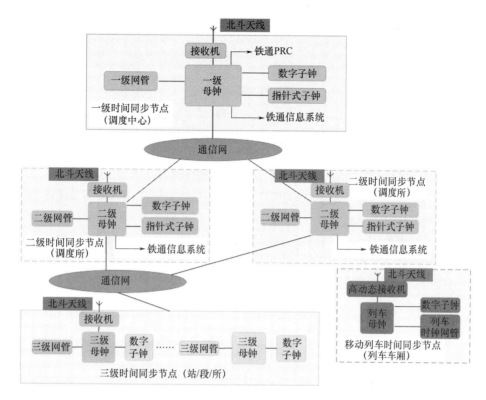

图 9.14　铁路系统的北斗同步方案

参 考 文 献

［1］于跃海,张道农,胡永辉,等.电力系统时间同步方案[J].电力系统自动化,2008,32(7):82－86.

［2］张岚,张斌.电力时间同步系统的建设方案[J],电力系统通信,2007,28(171):23－27.

［3］电力系统的时间同步系统.中华人民共和国电力行业标准,DL/T 1100.1—2009.

［4］单庆晓,杨俊.北斗 GPS 双模授时及其在 CDMA 系统中的应用[J].测试技术学报,2011,25(3):223－228.

［5］郭彬,单庆晓,肖昌炎,等.电网时钟系统的北斗/GPS 双模同步技术研究[J].计算机测量与控制,2011,19(1):139－142.

［6］杨锦涛,单庆晓,肖昌炎,等.电网卫星驯服时钟的网络时间同步服务器设计[J].计算机系统应用,2011,20(3):94－98.

［7］孟娜.京津铁路客运专线工程时间同步系统概述[J].铁路通信信号工程技术,2008,5(3):1－3.

［8］曲博.铁路时间同步网概述[J].铁路通信信号工程技术,2010,7(4):43－45.

内 容 简 介

　　卫星导航系统有效解决大地理范围内时间同步问题,同时卫星接收机是廉价的,但却可以获得高的授时精度。本书详细阐述了卫星授时的原理与应用。本书共分为9章。第1章提供了整本书的概述。第2章介绍了GNSS的时间频率系统。第3章讨论了卫星授时原理。第4章主要阐述了卫星信号处理。第5章提供了计算信号延迟和实现补偿的方法。第6章介绍了授时接收机的设计。第7章阐述了卫星驯服时钟系统。第8章介绍了各种时间同步接口。最后第9章介绍了卫星授时的应用。

Satellite navigation system provides perfect way to realize timing and synchronization at a large geographical area. And at the same time timing receiver is cheap but can realize high accuracy timing. The book discusses satellite timing principle and application in detail. There are 9 chapters. Chapter 1 provides overview of the whole book. Chapter 2 introduces time and frequency system of GNSS. Chapter 3 discusses the principle satellite timing. Chapter 4 is laid on navigation signal process. Chapter 5 proposes the way to compute signal transmission delay and realize compensation. Chapter 6 introduces the design of timing receiver. Chapter 7 discusses the satellite discipline clock. Chapter 8 discusses timing interface. Finally satellite timing application is introduced at Chapter 9.